现代学徒制的研究与实践

——基于微电子技术专业

李学礼　著

電子工業出版社
Publishing House of Electronics Industry
北京·BEIJING

内 容 简 介

本书是在教育部全面推进现代学徒制工作的背景下，结合北京信息职业技术学院在现代学徒制工作过程中长期研究和实践方面的初步成果撰写的。本书内容主要包括现代学徒制试点项目概况、校企协同育人机制的研究与实践、招生招工一体化的研究与实践、人才培养制度和标准的研究与实践、校企互聘共用的师资队伍的研究与实践和体现现代学徒制特点的管理制度的研究与实践。本书涵盖了推进现代学徒制工作的思路与工作方法，对于读者了解高职院校推进现代学徒制工作具有很强的指导作用。

本书可作为高等院校、职业技术学校及从事现代学徒制工作研究的相关人员的参考书。

图书在版编目（CIP）数据

现代学徒制的研究与实践：基于微电子技术专业 / 李学礼著. —北京：电子工业出版社，2021.8
ISBN 978-7-121-41719-1

Ⅰ. ①现… Ⅱ. ①李… Ⅲ. ①微电子技术－高等职业教育－学徒－教育制度－研究－中国 Ⅳ. ①TN4-4

中国版本图书馆 CIP 数据核字（2021）第 154599 号

责任编辑：陈健德
文字编辑：赵　娜
印　　刷：北京捷迅佳彩印刷有限公司
装　　订：北京捷迅佳彩印刷有限公司
出版发行：电子工业出版社
　　　　　北京市海淀区万寿路 173 信箱　邮编 100036
开　　本：787×1 092　1/16　印张：11　字数：245 千字
版　　次：2021 年 8 月第 1 版
印　　次：2021 年 8 月第 1 次印刷
定　　价：118.00 元

凡所购买电子工业出版社图书有缺损问题，请向购买书店调换。若书店售缺，请与本社发行部联系，联系及邮购电话：（010）88254888，88258888。

质量投诉请发邮件至 zlts@phei.com.cn，盗版侵权举报请发邮件至 dbqq@phei.com.cn。

本书咨询联系方式：chenjd@phei.com.cn。

前　言

2019 年，教育部下发了《教育部办公厅关于全面推进现代学徒制工作的通知》（教职成厅函〔2019〕12 号），提出要“总结现代学徒制试点经验，全面推广现代学徒制”。在通知中明确了招生招工一体化、标准体系建设、双导师团队建设、教学资源建设、培养模式改革、管理机制建设六大重点任务。自教育部 2014 年启动现代学徒制试点以来，北京信息职业技术学院就积极申报了试点项目，围绕校企协同育人机制、招生招工一体化、人才培养的制度和标准、校企互聘共用的师资队伍、体现现代学徒制特点的制度等方面开展了地方性探索，进行了积极的实践，积累了一些经验。目前该项目试点工作已顺利通过验收，并且将该项目的试点成果有效地向其他专业和企业进行了推广。

全书共 6 章：第 1 章现代学徒制试点项目概况，主要介绍了项目的背景，开展实践研究的基础与优势，研究实践的方法和技术路线，研究和实践的特色与创新，以及研究和实践成果的推广情况。第 2 章校企协同育人机制的研究与实践，主要包括国内外现代学徒制的现状，育人双主体的形成，形成联合开展现代学徒制的长效机制，建设产业学院的探索，以及典型工作和成果举例。第 3 章招生招工一体化的研究与实践，主要包括招生招工一体化方案的制订，保障学生（学徒）合法利益的探索，以及典型工作和成果举例。第 4 章人才培养制度和标准的研究与实践，主要包括主要职业教育专业教学标准开发方法，重点介绍了 DACUM 开发模式、MES 开发模式、“双元制”开发模式、全国现代学徒制工作专家指导委员会推荐的方法，以及专业教学标准开发方法的选择；专业教学标准开发过程，主要从专业发展调研、职业分析、教学分析、培养方案分析、专业发展调研报告参考体例、专业教学标准参考体例等方面做了介绍；课程标准开发过程，主要从确定课程的“教学目标”、编制《能力解析表》、研制“学习任务”、设计“学习活动”、开发“教学文件”、编制“考核方案”、核心课程标准参考体例等方面做了介绍；在本章最后对相关的典型工作和成果进行了举例说明。第 5 章校企互聘共用的师资队伍的研究与实践，主要包括职业分析方法及其在教师岗位能力分析中的应用，SWOT 分析及其在师资队伍建设中的应用，双导师机制的形成与培养路径探索，以及典型工作和成果举例。第 6 章体现现代学徒制特点的管理制度的研究与实践，主要包括质量管理体系标准及其在现代学徒制中的应用，激励理论及其在现代学徒制中的应用，以及典型工作和成果举例。

本书是北京信息职业技术学院基于微电子技术专业开展教育部第二批现代学徒制试点项目的研究和实践总结。希望本书的出版，可以把我们在实践中的一些做法和经验毫无保留地分享出来，供开展现代学徒制试点的职业院校和相关企业的同行们参考，并结合各自区域、行业和专业的特点，积极开展研究和实践，探索出更加适合本地区的现代学徒制的运行模式，为全面推进现代学徒制做出积极的贡献。

由于时间紧迫和著者水平有限，书中难免存在不足或错误之处，敬请读者提出宝贵意见。

著　者

2021 年 4 月

目　录

第1章

现代学徒制试点项目概况

现代学徒制作为一种职业教育人才培养模式，在世界上职业教育发达的国家都开展了有效的探索和实践，以德国、英国等为代表的发达国家都取得了较为瞩目的成果，全面提高了人才培养质量，培养了大批能够支撑产业发展的技术、技能型人才。

基于现代学徒制的现代职业教育体系建设和人才培养模式改革是我国职业教育发展的重要任务和研究热点。我国自 2014 年教育部启动现代学徒制试点工作以来，经过几年的实践，在提高人才培养质量、深化产教融合和校企合作方面取得了丰硕的成果。教育部前后组织开展了两批现代学徒制试点工作，现已在全国范围全面展开推广。

1.1 项目的背景

为贯彻落实全国职业教育工作会议精神和《国务院关于加快发展现代职业教育的决定》，扎实推进《国家教育事业发展“十三五”规划》，持续做好现代学徒制试点工作，教育部先后启动两批现代学徒制试点工作，相关文件分别是《教育部关于开展现代学徒制试点工作的意见》（教职成〔2014〕9 号）、《教育部办公厅关于做好 2017 年度现代学徒制试点工作的通知》（教职成厅函〔2017〕17 号）。为有效开展现代学徒制试点工作，从 2015 年开始，北京信息职业技术学院对现代学徒制进行了有序的研究和探索。

根据相关文件，牵头试点的主体可以是地级市、行业、企业及职业院校，不同性质的单位在试点内容上会有不同的侧重点，作为高职院校，如何启动试点工作，选取恰当的专业就尤为重要。既然是试点，全面推开是不现实的，所以选择适合开展现代学徒制培养并且有良好校企合作基础的专业先行先试，试点成功并取得可复制、可推广的经验后，再进一步选取合适的合作企业扩大现代学徒制试点的专业和规模。经过 2015 和 2016 年的酝酿和多次探讨，2017 年北京信息职业技术学院跟北京燕东微电子有限公司在前期校企合作的基础上，联合成立了产业学院——燕东微电子学院，基于燕东微电子学院双方决定全面启动现代学徒制试点，2017 年申报教育部第二批现代学徒制试点项目并获批，试点专业为微电子技术专业。

1.2 开展实践研究的基础与优势

1. 校企双方长期合作开展集成电路工艺技术/技能人才的订单培养

北京燕东微电子有限公司（简称燕东公司）成立于 1987 年，注册资本 26.85 亿元，为北京市国资委下属的二级国有控股高新技术企业，为国内知名的集成电路制造和整体方案提供商。公司主营业务范围为芯片设计、制造、封测、半导体器件加工制造及为集成电路整体方案提供全链条生产、制造的技术服务。产品范围包含功率半导体、声光电传感器、声光电 ASIC 和高可靠器件四大产品门类数百个品种，广泛应用于移动通信、家用电器、声音传输、电源管理、航空航天等领域；连续多年获得“中国半导体行业功率器件十强企业”的称号，2019 年入选国资委“科改示范行动”名单。公司坚持 More than Moore 的发展方向，在 4 英寸、6 英寸晶圆生产线及封装线的基础上，于 2019 年投资建成国内首条基于国产核心装备的全自动智能化 8 英寸芯片生产线。燕东公司始终坚持以“守心铸芯、产业报国”为宗旨，不断追求超越和卓越，积极为国家民族工业发展和集成电路产业腾飞而努力奋斗。

从 2003 年开始北京信息职业技术学院跟北京燕东微电子有限公司合作，在电子类专业大学三年级学生中选拔学生开展订单培养，为企业的发展提供集成电路工艺人才的培养，双方也一直想进一步推进合作，探索如何缩短人才培养周期，降低培养成本，同时提高人才培养质量，教育部启动的现代学徒制试点为这一想法的落地提供了机会。前期的良好合作为后期现代学徒制试点的顺利推进实施提供了保障，奠定了良好的基础。

2. 所在专业群是国家骨和干校重点建设专业群，拥有一个优秀的团队能够很好地开展试点实践

微电子专业所在专业群的核心专业是电子信息工程技术专业，电子信息工程技术专业是国家骨干和校重点建设专业，也是 2015—2018 行动计划优质校建设中的重点建设专业（群），通过国家重大项目的建设，在校企合作、工学结合课程的开发、项目式一

体化教学的开展、校内外实训基地的建设、企业实习实训的开展方面积累了丰富的经验，也锻炼了一支队伍——有北京市级教学名师 4 名，北京市优秀教学团队 1 个，北京市创新团队 1 个，开展现代学徒制试点也是该团队的使命和担当。

3. 微电子技术专业所在的集成电路产业对技术/技能人才有强劲的需求

产业对技术/技能人才的强劲需求使得试点能够顺利实施，集成电路的大发展，特别是在北京市将集成电路产业列为十大优先发展的高精尖产业，集成电路设计、工艺、封装和测试各个环节都需要大量的人才，对于燕东公司这样的 IDM 企业，对工艺人才的需求更是巨大，在 2017 年启动该项目时，企业的 8 英寸线建设已启动，未来对技能人才的需求更加明确，北京市亦庄经济开发区其他几家集成电路相关的企业也相继建设和投产，所以行业对技术/技能人才的巨大需求保障了现代学徒制的顺利实施。

1.3　试点的目标、内容、主体

《教育部办公厅关于做好 2017 年度现代学徒制试点工作的通知》（教职成厅函[2017]17 号）对第二批现代学徒制试点的目标、内容、主体都有明确的要求，我们按以学校为牵头的试点单位全面落实执行。

1.3.1　试点的目标

探索建立校企联合招生、联合培养、一体化育人的长效机制，完善学徒培养的教学文件、管理制度、相关标准，推进专兼结合、校企互聘互用的双师结构师资队伍建设，建立健全现代学徒制的支持政策，形成和推广政府引导、行业参与、社会支持、企业和职业院校双主体育人的中国特色现代学徒制。

1.3.2　试点的内容

1. 探索校企协同育人机制

完善学徒培养管理机制，明确校企双方的职责与分工，推进校企紧密合作、协同育人。完善校企联合招生、共同培养、多方参与评价的双主体育人机制。探索人才培养成本分担机制，统筹利用好校内实训场所、公共实训中心和企业实习岗位等教学资源，形成企业与职业院校联合开展现代学徒制的长效机制。

2. 推进招生招工一体化

完善职业院校招生录取与企业用工一体化的招生招工制度，推进校企共同制订和实施招生招工方案。规范职业院校招生录取和企业用工程序，签订学生与企业、学校与企业两份合同（或学徒、学校和企业之间的三方协议），明确学徒的企业员工和职业院校学生双重身份（对于年满 16 周岁未达到 18 周岁的学徒，须由学徒、监护人、学校和企业四方签订协议），明确各方权益及学徒在岗培养的具体岗位、教学内容、权益保障等。

3. 完善人才培养制度和标准

按照“合作共赢、职责共担”原则，校企共同设计人才培养方案，共同制定专业教学标准、课程标准、岗位技术标准、师傅标准、质量监控标准及相应实施方案。校企共同建设基于工作内容的专业课程和基于典型工作过程的专业课程体系，开发基于岗位工作内容、融入国家职业资格标准的专业教学内容和教材。

4. 建设校企互聘共用的师资队伍

完善双导师制，建立健全双导师的选拔、培养、考核、激励制度，形成校企互聘共用的管理机制。明确导师的职责和待遇，合作企业要选拔优秀高技能人才担任师傅，明确师傅的责任和待遇。院校要将指导教师的企业实践和技术服务纳入教师考核并作为晋升专业技术职务的重要依据。建立灵活的人才流动机制，校企双方共同制定双向挂职锻炼、联合技术研发、专业建设的激励制度和考核奖惩政策。

5. 建立体现现代学徒制特点的管理制度

建立健全与现代学徒制相适应的教学管理制度，制定学分制管理办法和弹性学制管理办法。创新考核评价与督查制度，基于工作岗位制定以育人为目标的学徒考核评价标准，建立多方参与的考核评价机制。建立定期检查、反馈等形式的教学质量监控机制。制定学徒管理办法，保障学徒权益，根据教学需要，科学安排学徒岗位、分配工作任务，保证学徒合理报酬。落实学徒的责任保险、工伤保险，确保人身安全。

1.3.3 试点的主体

现代学徒制试点自愿申报。申报试点的单位应是具有一定工作基础、愿意先行先试的地级市、行业、企业及职业院校。

以职业院校作为试点单位，选择学校主干专业，联合有条件、有意愿的企业共同开展试点工作，重点探索现代学徒制的人才培养模式和管理制度。

1.4 研究实践的方法和技术路线

1.4.1 研究实践的方法

本项目在申报时就成立了申报小组，对现代学徒制相关的国际国内的状况进行检索了解，结合北京信息职业技术学院的实际完成了申报工作。在本项目获批立项后，首先成立了由来自北京信息职业技术学院、北京燕东微电子有限公司、行业职教专家、微电子领域的专家组成的项目组，制订了项目研究计划和实施方案，举行了项目启动论证会，邀请相关领导、专家对项目研究计划和实施方案进行论证和完善。最终按照“边研究、边建设、边实践、边反思、边完善、边出成果”的工作方案，综合运用了教育研究方法中实践研究和实证研究等方法，按序开展项目研究和实践。

本项目是一项人才培养模式改革的试点项目，属于教育研究项目，在推进研究和实践时必然会涉及相关的教育研究方法。教育研究方法有多种分类，从不同的视角有不同的分类。按照布列钦卡的思路，教育研究方法可分为三类：一是哲学研究或思辨研究（与之对应的学科是“教育哲学”）；二是实证研究或叙事研究（与之对应的学科是“教育科学”）；三是实践研究或实践的行动研究（与之对应的学科是“实践教育学”）[1]。

本项目是一项教学综合改革试点项目，基本不涉及哲学层面的东西，所以采用的研究方法主要是实践研究和实证研究，往往在研究和解决一个问题时将这两种方法交叉使用，应用到具体的方法如下。

1. 实践研究

实践研究主要显示为日常的教育改革、经验总结和教育对策。由实践者本人所做的实践研究也称为“实践的行动研究”[2]。

由于是试点，好多研究并没有严格地按照实证研究的范式开展，而是广泛地采用了实践研究方法，如在课程层面，持续推进课程的教学改革、经验的总结工作，就采用了实践研究的教育改革、经验总结方法。

在试点目标中提到的“探索建立校企联合招生、联合培养、一体化育人的长效机制，完善学徒培养的教学文件、管理制度、相关标准，推进专兼结合、校企互聘互用的双师结构师资队伍建设，建立健全现代学徒制的支持政策，形成和推广政府引导、行业参与、社会支持，企业和职业院校双主体育人的中国特色现代学徒制”。由于牵头试点的主体不同，合作企业不同，行业不同，专业不同，没有一个固定的模式可直接照搬，这时常常采用实践研究中的对策研究，提出我们的解决方案，这个方案往往会具有经验性和理想化的特征。

2. 实证研究

实证研究的基本特征是用“事实”而不是用“逻辑思辨”的方式论证，这使实证研究区别于哲学研究；实证研究的另一个特征是强调研究设计和研究报告的“规范”，这

---

1 刘良华. 教育研究方法[M]. 上海：华东师范大学出版社，2019：3.

2 刘良华. 教育研究方法[M]. 上海：华东师范大学出版社，2019：4.

使实证研究区别于实践研究[1]。在本项试点中主要采用了如下研究方法。

1）文献研究法

在微电子技术专业基于现代学徒制模式的专业标准开发、课程标准开发、人才培养方案的开发过程中，广发采用了文献研究法，通过搜集、整理、分析大量的相关文献资料，厘清了专业标准、人才培养方案之间的关系，选择并掌握了一种适合的开发方法，最终用职业能力分析的方法完整地构建了微电子技术专业的人才培养模式。项目在研究过程中主要分析了以下几种类型的文献资料：一是国家层面和北京市发布的相关高等教育、职业教育改革发展的相关政策文件；二是国外的职业教育改革和发展的动向，特别是现代学徒制、专业开发方法、职业资格框架等方面的资料和文献；三是国内关于现代学徒制、专业标准开发、课程开发等方面的文献资料；四是集成电路产业相关的标准、技术规范；五是国内外微电子技术专业的建设和发展情况；六是相关的经济和管理的理论和方法，如博弈论、需求理论、激励理论、ISO9000 管理体系、PDCA 循环等。

2）问卷调查法

采用线上线下、自主和委托相结合的方式开展，主要针对毕业生、在校生、教师、合作企业及行业协会等利益相关者。抽样调查了毕业生，了解其职业发展状况、知识、技能在工作中的应用。整体调查了在校学生，了解其对专业的认知、不同阶段的学习困惑、对企业的认定和企业学习的改进意见和建议。在现代学徒制试点过程中，多数调查是委托第三方比较有影响力的公司和学校合作完成的。

3）访谈与座谈

针对在岗学徒、师傅、企业导师、职教专家、企业专家，采取访谈和座谈的形式，围绕试点项目的主题开展深入的研讨交流，理清思路，澄清观点，收集意见和建议。组织了多场研讨会和座谈会，召开 DACUM 职业能力分析会、职业专项能力解析会、课程体系设计研讨会等，确定基于现代学徒制模式的微电子技术专业人才培养目标、知识、能力、素质等的要求，构建完整的课程体系。

4）个案分析与比较分析法

通过对国内外职业教育的分析，为试点项目的研究和实践提供借鉴。主要通过对英国、德国、加拿大等国的职业教育和职业标准开发、职业能力分析等方法和案例进行分析，找出适合微电子技术专业的基于现代学徒制模式的专业标准开发的方法和路径。

---

1 刘良华. 教育研究方法[M]. 上海：华东师范大学出版社，2019：12.

5）试验法

把经过前期充分论证设计的专业教学标准转换成可实施的人才培养方案，通过实际现代学徒制试点班开展实施，通过实践对标准进行调整和完善，使标准和模式有更广泛的应用范围和更大的应用价值。

1.4.2　技术路线

PDCA 循环是美国质量管理专家休哈特博士首先提出的，由戴明采纳、宣传，获得普及，所以又称戴明环。全面质量管理的思想基础和方法依据就是 PDCA 循环。PDCA 循环的含义是将质量管理分为四个阶段，即 Plan（计划）、Do（执行）、Check（检查）和 Act（处理）。在质量管理活动中，要求把各项工作按照作出计划、计划实施、检查实施效果的程序进行，然后将成功的纳入标准，不成功的留待下一循环去解决。这一工作方法是质量管理的基本方法，也是企业管理各项工作的一般规律。

本试点项目按照“边研究、边建设、边实践、边反思、边完善、边出成果”的工作思路，开展试点项目的研究和实践工作，针对具体的试点内容探索校企协同育人机制、推进招生招工一体化、完善人才培养制度和标准、建设校企互聘共用的师资队伍、建立体现现代学徒制特点的管理制度等方面，在选取某一个点后，采用 PDCA 循环方法推进试点项目研究和实践。

1.5　研究和实践的特色与创新

1.5.1　建立了一套职业院校遴选现代学徒制试点专业的规则

每项工作的开展，每个主体都有其核心关注点，特别是对于一项长期工作，需要投入大量人力和物力去保障其顺利实施，更要符合各自主体的利益和关注点，以职业院校为主体联合企业开展现代学徒制的试点也不例外，其关注点有哪些呢？结合我们的实践探索，应遵循如下规则。

1．通过现代学徒制的方式，是否有利于更进一步地提高人才培养质量

在职业教育领域，我们进行各种教育改革和探索，都是为了进一步提高人才培养质量，关注人的成长，通过改革，使学生在知识、能力、素质方面都有明显的提升，所以能否提高人才培养质量是我们要关注的第一个核心点，也是我们是否开展现代学徒制必须解决的第一个疑问。

至于是否提高了人才培养质量，需要选择好参照系：一是和现有的人才培养模式比，看是否提高了人才培养质量。和现有模式比，如果提高了人才培养质量，为我们的改革奠定了基础，就有必要进一步探索和实践。二是和同类院校培养质量优秀的同类专业比，看是否提高了人才培养质量。如果横向比较的结果，人才培养质量也有明显提升，更为我们开展试点增加了动力。

所以，在遴选现代学徒制试点专业时，一定要关注核心点，即能否提高人才培养质量，并通过严谨的科学研究和论证，确保专业遴选的科学性，把最恰当的、最有必要的专业选择出来，开展现代学徒制试点。

2. 企业对试点专业的人才有明确的需求，并且成规模

现代学徒制的试点，其中一条要探索的核心是招生即招工，招生与招工变成了共生关系，企业没有成规模的用人需求，就没有了开展现代学徒制试点的基础。以学校为主体开展现代学徒制的试点，一般是按照整班制进行招生和推进。按目前的招生办法，工程类专业的招生规模一般都不小，每班基本都在 40 人左右，这样多学生招收进来进行培养，必须有明确的用人需求，以及未来的用人需求，简单说来就是要有高质量的就业岗位，并且岗位的数量要有保障，否则培养质量再高，也不能解决该专业现代学徒制的持续发展问题。

企业是用人的主体，只有企业切实关注员工的数量和质量，认识到员工的数量和质量是制约其进一步发展的核心因素之一时，企业才能够全身心投入到员工的培养或现代学徒制的试点，才会积极主动地为人才培养质量负责。

所以，两批现代学徒制试点工作方案中都明确提出要推进招生招工一体化，就是要解决就业问题，否则将很难持续开展现代学徒制的试点，现代学徒制的试点就会变成空中楼阁。

3. 现代学徒制的试点专业要符合地区产业发展需求

每个地区都有其产业发展定位，所以要符合其产业发展，这样才能保证专业建设的持续投入，将专业进一步做大做强。如果本地区没有相关的产业或是被调整的产业，将来就没有用人需求，显然不符合职业院校服务地区经济发展的定位，所以在遴选专业时一定要考虑地区产业的发展和整个地区的功能划分，否则就是为开展现代学徒制而开展现代学徒制。

4. 选择学校的优势专业或学校自己想办却不能够独立开展的专业，但要有一定的基础

选择学校的优势专业，能够为现代学徒制的试点奠定良好的基础，但有时企业积极性不高，所以在选择开展现代学徒制的专业时要充分考虑企业的参与程度。

有些产业符合地区产业发展，同时有大量和稳定的人员需求，但由于专业的开设门槛太高，学校不能够独立开办，企业又有迫切需求，这样校企双方就有了合作的基础，有了共同探讨提高人才培养质量的动力。

在选择试点专业时，要有一定的该专业领域人才的培养基础，避免盲目开设从未涉足的新专业，这样便于总结以前的经验，进一步制订更加合理的人才培养方案，从而提高人才培养质量。

5. 教育成本可控

学校首先考虑的是社会效益，但也要考虑经济效益。在同等条件下，培养一个学生的成本要避免差距太大，应有效控制教育成本，同时发挥合作企业的优势，为现代学徒制的试点积极投入，引导企业综合考虑人力资源成本，将入职后的培养投入提前投入到现代学徒制试点的准员工身上，合理有效地降低学校的成本。

6. 岗位技术技能的训练特别适合采用学徒制方式

我们的定位是培养技术/技能型人才。在现代学徒制试点中，我们不仅关注学徒的技能提升，更要关注学徒的知识学习，核心是应用知识和技能解决实际的较复杂的工程问题，所以选择试点专业时，要充分考虑知识、技能、素质的综合培养，由于实际工作场所的限制，在学校很难构建起相应的工作场所，通过学校很难实现对学生技能的培养，通过企业的学徒岗位才能更好地实现。

7. 企业的规模和接待能力

开展现代学徒制，企业规模太小，其接待能力将很有限，可提供的学徒岗位也有限，将不能保证所有学徒有足够的学习资源，影响学徒培养质量。

1.5.2 形成了一种可复制、可推广的现代学徒制“燕东微电子”模式

1. 依托行业背景，挖掘企业需求，解决企业难题，融入企业发展，夯实合作基础，成立专业学院，形成育人平台

1）双方具有合作基础

北京信息职业技术学院依靠行业办学，是全额拨款的事业单位，学校和北京燕东微电子有限公司都隶属于北京电子控股有限责任公司（以下简称北京电控），北京电控是北京市国资委管理的市属大型国有企业，并同时地处北京酒仙桥地区，酒仙桥地区曾是我们国家的第一个电子工业基地，学校和燕东公司保持着良好的沟通和交往关系，现在企业生产一线的骨干员工基本都来自北京信息职业技术学院，由于这种天然的关系，学校对企业的了解比较深入。随着国家整个集成电路产业政策的调整，燕东公司进入了发展快车道，随着新产线的投产及产线的升级换代，企业急需补充大量新员工，同时要对

现有员工进行培训。对现有员工的培训主要有以下几个方面：①对出国到马来西亚参加培训人员的英语口语能力的培训；②现有员工的提升，主要针对学历是中职层次的员工，这部分人已经有丰富的实践经验，但电路原理、电子线路等方面的基础比较薄弱，急需提高。完成①和②两项工作是学校的强项，利用学校的师资和实训室完全能够高质量完成，并且针对中职层次的员工，学校还可通过与成人教育的对接实现其学历的提升，为企业提供切实的服务。

2）学校具备为企业培训员工所需设备、设施

企业对员工进行培训，企业内部也没有好的培训设施作保障，特别是一些重要的培训，要让不同地点的员工都能参加，又不影响生产，同时避免员工路途奔波，需要培训教室具备现场直播功能，大型的培训教室和网络直播功能这些基础设施学校全部具备，基于学校的优势，学校全部承接了燕东公司的这些培训，解决了企业难题，融入企业的发展之中，有力支持了企业的发展，夯实了合作基础。

3）校企双方业已搭建共同育人平台

燕东公司星级工程师的评价需要一个培养平台，从而完成对员工的继续教育和评价；同时，燕东公司是国内多所高校研究生的培养基地，要实现在燕东公司的框架下和高校的对接，也需要一个平台。学校要开展现代学徒制试点，也需要搭建一个平台，突出现代学徒制试点的特点。学校为了将企业在职员工的培训和现代学徒制学生的教育基于同样的文化进行培养，决定提供 $500m^2$ 的场地保障，开展育人环境的文化建设。基于以上多个方面的考虑，经过反复论证，双方决定成立企业冠名的“燕东微电子学院”，构筑共同育人的平台。在上级主管单位的领导下，成立理事会，制定章程，制定议事规则和经费管理办法，燕东微电子学院运行机制为理事会领导下的院长负责制；北京信息职业技术学院和北京燕东微电子有限公司同时授牌“燕东微电子学院”，日常工作地址设在北京信息职业技术学院电子与自动化工程学院。

“燕东微电子学院”专业学院的成立，使校企双方进一步明确了各自的职责、权利，该平台为现代学徒制的试点奠定了坚实基础。

2. 急企业之所急，提供人才保障，落实招生即招工

燕东公司新生产线的投产需要大批一线技术技能人才。集成电路的生产和其他行业不太一样，厂房净化完毕将是 24 小时运转，一线人员需要 3 班倒。在这样的背景下，燕东公司在北京亦庄开发区的生产线在 2018 年年底投产，对人员的需求巨大，企业已多次主动找学校落实人才培养问题，所以在落实招生即招工方面，企业方面没有任何障碍。学生入学后即签署学校、企业、学生三方的招生即招工协议，企业为将现代学徒制的学生留住，进行了体制机制创新，以吸引更多的学徒制的学生留在企业，如增设企业奖学

金，学徒制的学生提前对接企业星级工程师评价，缩短评价时间要求，为优秀人才的成长创造条件，达到评价要求的按规定落实待遇，让人才有获得感。学校在落实招生即招工方面紧紧围绕企业的需求，因为企业的真实需求是学徒制有效开展最强有力的保障。

3. 校企深度融合，挖掘最大利益相关者，成立最强的人才培养方案的制订团队，共同制订人才培养方案，基于 OBE 对学习的效果进行评价

现代学徒制人才培养质量是否有保障，首先要看人才培养方案制订的是否合理。具体来说，就是人才培养的目标是否定位准确，人才培养的实施方案是否合理，人才培养的考核评价是否有标准。明确了人才培养方案的地位和作用，就需要成立一支对微电子专业现代学徒制试点最负责的团队。为此我们成立了以学校主管教学的副校长和燕东公司主管人才队伍建设的书记为领导，以燕东公司微电子生产部部长、人力资源部部长、工艺工程师，学校的教务处长、二级学院院长、专业带头人、骨干教师为成员的开发团队，采用 DACUM 方法，以“典型工艺过程”为载体，对工艺过程中的每个岗位进行了全面的岗位分析，获得了微电子专业的职业分析表，并对每项专项技能进行了全面解析，获得了其知识、能力、素质要求，制订出以“典型工艺过程”为载体的人才培养方案，并对知识、能力、素质的培养是否达到预期学习成果，采用基于成果的评价进行考核。在具体评价中采用校企共同评价的方式。

4. 建立津贴制度，校企共同选育教师，形成教师选拔、培养、评价、使用的有效机制，建成一支有活力的教师团队

1）制定准入标准，校企双方共同选育教师

对能够进入燕东微电子学院承担微电子专业现代学徒制专业课程教学工作的教师，制定明确的准入标准，由校企双方共同选派。来自学校的教师，必须具备本专业中级及以上职称，至少要有半年以上的微电子企业的工艺实践；来自企业的主讲教师必须具有本专业大学本科及以上的第一学历，5 年以上工作经验；一线师傅必须具有专科及以上的第一学历，具有 8 年以上工作经验。教师的选拔采取自愿报名和组织选拔相结合的原则，确保准入教师的数量和质量。

2）对初选合格的教师进行培养和评价，评价合格者进入燕东微电子学院教师库

对初选合格的教师要进行全面培养，针对教师来源的不同，采取不同培养方式。对于学校教师，主要考核其实践能力，若教师实践能力不足，则安排其下企业实践半年及以上，进行企业实践锻炼；对于来自企业的主讲教师，主要进行教学基本功的培训，如基本教学资料的编写开发能力（授课计划、教案等的编写）、课程教学基本功的训练、教学组织与考核能力训练；企业一线师傅，主要开展基本教学和指导能力的训练。

所有的教师要通过试讲，答辩合格后才能进入燕东微电子学院教师库，只有进入教

师库的教师才具有开展教学的资格。

3）对进入燕东微电子学院教师库开展现代学徒制试点的教师实行津贴制度

对进入燕东微电子学院教师库的教师，颁发聘书，明确聘期，在聘任期内对承担指导和教学任务的教师发放基本津贴，让担任学徒制试点课程的教师既有荣誉感又有获得感，体现对知识的尊重、对人才的重视。

5. 充分发挥企业优势，破解微电子专业领域学校实训基地建设困局，落实学生的实习实训计划

有关微电子专业电子理论的基础课程和基本工程能力的训练，现有电子专业的实验室和实训室都能很好地满足要求，但涉及微电子专业工艺的专业实训室就很难满足，主要原因有：

（1）微电子工艺方面的设备复杂、数量多、价格昂贵，建设投资巨大；

（2）即使有资金保障将实训室建立起来，其超净环境运维也是一个巨大的难题，运行成本高，学校很难承受。

基于上述原因，学校要开办微电子专业就必须与企业深度合作，充分利用企业的生产资源来保障学生的实习实训，在跟燕东公司的合作中，双方达成了一致，将充分发挥燕东公司的生产设备资源优势，为学校现代学徒制的学生提供全面的实习实训条件，破解学校建设微电子工艺方面实训基地的困局。

6. 基于历史经验，优化学程设计，合理调度配备师资，调动企业兼职教师（师傅）对人才培养的主动性

在开展现代学徒制试点之前，学校已经跟燕东公司合作开展了 3 批学生的订单培养，并且燕东微电子也接收过多批次本科学生的实习。从最终实习效果来看，以 2～4 周作为一个考察教学效果的单元，由工程师负责集中的理论和工艺学习，与整学期实习或短期实习相比，学习效果差别不大；但对于由一线师傅负责指导的实习实践，整学期实习与 2～4 周实习相比，前者的学习效果要好得多。

通过对上述现象的分析，我们发现，学生在企业一线实习时间越长，指导的师傅积极性越高，学习效果就越好。通过对师傅的访谈，得出待的时间越长的学生，师傅会更用心地去指导，因为越早教会他，他就能更多地替师傅干活。我们需要基于这一点更好地发挥师傅的工作积极性。

再有，进入顶岗实习的学生，理论基础越扎实，工艺实践技能就掌握得越好，工艺方案的优化设计能力就越强。

基于以上分析，学校对学习进程进行了全面优化设计：前 2 年以理论知识学习为主，每个学期安排 4 周的企业实习实训，并由企业工程师担任主讲教师，确保教学质量；最后 1 年以企业岗位训练为主，培养学生的独立工作能力，由企业的师傅担任指导教师，由于集成电路行业岗位的特点，每个指导师傅指导的学生数不超过 2 人。

7. 企业实习期间办理入职手续，按准员工标准落实各项待遇

学生去企业实习期间，按照新员工入职的标准办理入职手续，发放员工卡，提供工作餐，发放工作服，按标准发放实习补贴，按国家法律法规要求上齐各类保险。按照双重身份落实双重管理完成各项在企业的教学工作。

8. 设立企业奖学金，对接企业工程师评价机制，调动学生学技术技能的积极性，促进人才的快速成长

虽然落实了招生即招工，但学生对企业的认同或归属感需要进一步培养，除在企业实习期间将学生按照准员工对待之外，需要进一步将企业文化融入学生的心灵之中。

1）设立企业奖学金

每个学期根据学生的学习情况，在综合评价的基础上，按比例设立企业奖学金，促进学生学习的主动性，培养其对企业文化的认同。

2）跟企业星级工程师评价机制对接，缩短晋升时间，打通晋升通道

燕东微电子公司内部有一套星级工程师评价体系。工程师按级别分为 5 星，最高级别为 5 星，其年薪与企业中层领导持平。每年招收的应届大学毕业生都有 1 年实习期，实习期结束后都要进入星级工程师评价体系，根据其所获得的星级不同享受不同的绩效工资。为了鼓励现代学徒制的学生更好地学技术、学技能，学徒在第 3 年顶岗实习期间就可以申请星级工程师评价，取消 1 年实习期限制。如果考核合格达到某星级的要求，则直接享受该星级工程师的绩效工资待遇，1 星级工程师的绩效工资待遇都大大超过其每月 2000 元左右的顶岗实习补贴，并且获得的星级在学生毕业正式入职后可以继承，这样将大大缩短学生在企业的晋升时间。通过打通人才成长的通道，为人才的脱颖而出创造条件。

1.6 研究和实践成果的推广情况

北京信息职业技术学院第二批现代学徒制试点的专业是微电子技术专业，合作的企业是北京燕东微电子有限公司，该公司是北京市市属国有企业，得到北京市的重点支持，双方联合培养集成电路工艺方面的技术技能人才，大大缩短了人才培养的周期，提高了人才的培养质量，同时也为企业节约了成本，有力地保障了企业对技术/技能人才

的需求，并且双方进一步联合申报了 2019 年北京市特色高水平职业院校及第一批特色高水平骨干专业（群）和实训基地（工程师学院、技术/技能大师工作室）——燕东微电子工程师学院建设项目，并获批，项目的进展比较顺利，后期将进一步扩大培养规模，以支持企业未来 12 英寸集成电路产线的建设。

在前期的基础上，2019 年年底将这一模式成功推广到其他企业，开展了与航天九院北京微电子技术研究所的合作，该所是航天领域实现集成电路自主可控的主力军，主要培养集成电路版图设计、集成电路封装、集成电路测试方面的技术技能人才，这是将同一专业的现代学徒制培养模式推广到不同的企业。除此之外，2020 年年底将这一模式在机电一体化技术专业做了成功推广，和北方华创在集成电路装备领域开展深度合作，基于现代学徒制模式培养高端的技术技能人才，实现了跨专业的推广。北方华创在集成电路装备领域属于头部企业。

由于专业标准和课程标准的开发涉及更多的专业标准和课程标准的开发方法，具体课程的实施涉及更多的教学理论，此处将不再展开。

总之，采用现代学徒制模式，主要的目的就是要提高人才培养质量，同时和人力资源市场做好直接的对接，降低企业的招聘培养成本。只有在真正的需求驱动下，校企双方才能够实现自愿平等、互惠互利的合作，真正发挥两个主体的作用，承担其两个主体的责任，共同为学生（学徒）负责。

第2章 校企协同育人机制的研究与实践

提出完善学徒培养管理机制，明确校企双方的职责与分工，推进校企紧密合作、协同育人。完善校企联合招生、共同培养、多方参与评价的双主体育人机制。探索人才培养成本分担机制，统筹利用好校内实训场所、公共实训中心和企业实习岗位等教学资源，形成企业与职业院校联合开展现代学徒制的长效机制。

以上是试点文件的要求，坚持问题导向，对这部分内容经过反复的研讨，结合我们的实践，认为主要要解决如下几个问题：

（1）了解国外现代学徒制的状况，哪些经验可供我们试点时借鉴？

（2）如何才能形成双主体？

（3）如何才能形成联合开展现代学徒制度长效机制？

（4）如何搭建起一个管理运行平台？

针对这些问题我们主要开展了如下研究和实践。

2.1 国内外现代学徒制的现状

现代学徒制是适应现代职业教育发展需要的旧物新用，根源于学徒制，于德、英等国重新兴起，近年来也在我国产生巨大反响，有学者认为现代学徒制是历史经验结合现实条件和需要产生的新的职业教育制度[1]，也有学者认为现代学徒制是一种新型的工学结合的教育模式[2]。无论是制度还是模式，基本上可以确认的是，现代学徒制是职业教育领域日久弥新产生的拥有一套自身理论和实践体系，带有历史烙印的同时又反映现实需要的科学概念。现代学徒制自然有一套适应其自身生存和发展需要的管理、教学和评价制度，而一套高质量的标准体系则能为整个现代学徒制的运作和发展提供目标上的指导、衡量上的参照和质量上的保证[3]。

英国是学徒制的发源地，也是现代学徒制发展程度较高、制度建设较为完备的国家。英国的《现代学徒制框架》作为国家层面的专有文件为其现代学徒制的运行和发展提供了最核心的指导，该框架在为英国各行各业的学徒制人才培养划定最低标准的同时，又与英国国家资格框架相关联，为其技术人才的职业生涯发展提供了通路。德国双元制作为适应德国工业发展独具德国特色的现代学徒制也配有一套高质量的标准体系。相对于英国现代学徒制中市场和行业起主导作用的特点，该国联邦和地方政府则取代这一角色成为德国现代学徒制标准制定和实施过程中的权威者，政府为其现代学徒制的标准制定、实施乃至质量保障都规划出了一套完整的方案，企业和学校“照章办事”就可以取得很好的培训和教学效果。德、英等国现代学徒制标准制定和实施经验有值得我们参考的地方[3]。

北京信息职业技术学院曾长期开展中外合作办学，引进英国和德国的优质职业教育，跟英国的 BTEC 开展了从 ND 到 HND 两个层次的合作，合作从 1998 年开始，直到 2016 年最后一批 HND 学生毕业；引进了德国的 IHK 证书，开展了 3 届学生的招生合作；并且为组织项目的实施，选派了多批老师去英国、德国交流学习，整体上对这两个国家的职业教育改革和发展比较了解，为我们开展国内现代学徒制的试点奠定了比较好的基础。

通过中国知网以现代学徒制为关键词搜索正式发表的文章可以搜到 10195 篇（2021-1-18）；如果将该搜索范围缩小到核心期刊和 CSSCI 期刊，也能搜索到 1182 篇（2021-1-18），从文献的数量来看，可以说现代学徒制是职教教育领域内的一个热点，如果再加上人社部推行的新型学徒制，可以说关于学徒制的研究和实践是一个非常热的热点。但在整个国家层面的制度建设还有很多工作要做。

---

1 杜广平. 我国现代学徒制内涵解析和制度分析[J]. 中国职业技术教育，2014，(30)：88-91.

2 赵志群. 职业教育的工学结合与现代学徒制[J]. 职教论坛，2009，(36)：1.

3 余小娟，谢莉花. 德英现代学徒制标准制定对我国的启示[J]. 高等职业教育探索，2017，16（02)：33-39.

2.2　育人双主体的形成

2.2.1　什么是主体和主体责任

1. 什么是主体

通过百度搜索“主体”这个词语，其详细解释如下：

> 1. 指君主的统治地位。
>
> 《汉书·东方朔传》：“（接舆、箕子）使遇明王圣主……图画安危，揆度得失，上以安主体，下以便万民，则五帝三王之道可几而见也。”
>
> 2. 事物的主要部分。
>
> 章炳麟《驳康有为论革命书》：“今日广西会党，则知己为主体，而西人为客体矣。”毛泽东《青年运动的方向》：“革命的主体是什么呢？就是中国的老百姓。”
>
> 3. 哲学名词，和“客体”相对。指对客体有认识和实践能力的人。
>
> 4. 法学用语。民法中指享受权利和负担义务的公民或法人；刑法中指因犯罪而应负刑事责任的人；国际法中指国家主权的行使者与义务的承担者，即国家。
>
> 5. 人防工程名词。防空地下室中能满足战时防护及其主要功能要求的部分。对于有防毒要求的防空地下室，其主体指最里面一道密闭门以内的部分。

从这里可以看出，现在学徒制试点中的“双主体”中的“主体”，应该至少包含 2 层意思，一是“事物的主要部分”，试点工作的主要相关者；二是“法律用语”，我们的试点不涉及刑法和国际法，只是在民法的范畴，应是享受权利和负担义务的公民或法人。

2. 主体责任

现代学徒制试点中，谁成为育人的主体，谁就要承担起育人的主体责任，实现权利和责任的对等，但在实践中，除学校这个天然的育人主体之外，往往寻找挂名的育人主体容易，但找到真正能承担育人主体责任的另外一个主体却不容易。

2.2.2　学校依法成为育人主体之一

《中华人民共和国教育法》第二十八条，学校及其他教育机构行使下列权利：（一）按照章程自主管理；（二）组织实施教育教学活动；（三）招收学生或者其他受教育者；

（四）对受教育者进行学籍管理，实施奖励或者处分；（五）对受教育者颁发相应的学业证书；（六）聘任教师及其他职工，实施奖励或者处分；（七）管理、使用本单位的设施和经费；（八）拒绝任何组织和个人对教育教学活动的非法干涉；（九）法律、法规规定的其他权利。国家保护学校及其他教育机构的合法权益不受侵犯。

《中华人民共和国教育法》第二十九条，学校及其他教育机构应当履行下列义务：（一）遵守法律、法规；（二）贯彻国家的教育方针，执行国家教育教学标准，保证教育教学质量；（三）维护受教育者、教师及其他职工的合法权益；（四）以适当方式为受教育者及其监护人了解受教育者的学业成绩及其他有关情况提供便利；（五）遵照国家有关规定收取费用并公开收费项目；（六）依法接受监督。

《中华人民共和国教育法》对学校的权利和义务做了明确的规定，学校就是育人主体。在现代学徒制的试点中，以学校为主牵头开展试点，学校肯定是责无旁贷的育人主体之一，学生（学徒）的学籍只要在校一天，学校的育人主体资格就不会终止，承担主体责任也不会终止。

但在试点中要构成双主体育人，一个主体是学校，另一个主体是谁？在现阶段，大家普遍认为另一个育人主体是企业，但如何让他们成为我们的第二育人主体，形成双主体育人？

2.2.3 需求驱动促使企业成为育人主体之一

现阶段没有一部类似《中华人民共和国教育法》的法律明确规定企业的育人主体资格，就需要我们探索新的途径促使企业成为育人主体。

经济学中需求驱动原理认为，供应链的形成、存在、重构，都是基于一定的市场需求，在供应链的运作过程中，用户的需求是供应链中信息流、产品/服务流、资金流运作的驱动源。在供应链管理模式下，供应链的运作是以订单驱动方式进行的，商品采购订单是在用户需求订单的驱动下产生的，然后商品采购订单驱动产品制造订单，产品制造订单又驱动原材料（零部件）采购订单，原材料（零部件）采购订单再驱动供应商。这种逐级驱动的订单驱动模式，使供应链系统得以准时响应用户的需求，从而降低了库存成本，提高了物流的速度和库存周转率。

在人力资源领域也存在这样的需求驱动，最终用人单位的强劲需求也同样能够促进人才的订单式培养，同时也承担起人才培养的主体责任，成为人才培养的主体之一，正是在需求驱动理论的指导下，我们深入挖掘合作企业，寻找另一育人主体。

燕东公司由于 8 英寸生产线的建成和未来 12 英寸生产线的建设，对技术/技能人才的需求巨大，企业也正在寻找能够保障未来技术/技能人才培养的学校，正是在双方各自的需求恰当对接的基础上，形成了良性的、耦合的双主体育人机制。

2.3 形成联合开展现代学徒制的长效机制

本着合作共赢、职责共担的原则，充分发挥各自优势和潜能，创新合作机制，积极开展现代学徒制试点工作，形成校企分工合作、协同育人、共同发展的长效机制，不断提高人才培养的质量和针对性，促进职业教育主动服务当前经济社会进步，推动职业教育体系和劳动就业体系互动发展。

要形成联合开展现代学徒制的长效机制，合作共赢是基石，我们必须解决好双方的盈利点。对公办学校来说，所有经费来自财政拨款，学校不以盈利为目的，只要是合规合法，有利于提高人才培养质量，没有额外增加成本，对学校来说比较容易形成长效机制，并且愿意形成长效机制；但企业作为一个市场主体，其各种经济和经营活动必须要放在市场经济环境中，不能一味地针对这个问题谈企业的社会责任或情怀，一次两次可以谈，长期来说不具有可持续性。

企业的盈利点在哪里？我们必须要替企业考虑。这个问题的核心就是投入和产出的问题，如果企业的投入远远大于产出，就很难持续，就更谈不上长效机制，所以一定要让产出远远大于投入，才能形成长效机制。关键是要解决好由于人才培养模式或路径的改变而额外增加的培养成本由谁来承担，额外投入包括管理人员的投入、训练资源的投入、指导教师的投入、企业实习的交通费、餐费、实习补贴等，这些都可以用货币来量化。

在经济学中经常要谈成本核算，成本核算是指将企业在生产经营过程中发生的各种耗费按照一定的对象进行分配和归集，以计算总成本和单位成本。成本核算通常以会计核算为基础，以货币为计算单位。成本核算是成本管理的重要组成部分，对于企业的成本预测和企业的经营决策等存在直接影响。进行成本核算，首先审核生产经营管理费用，看其是否已发生，是否应当发生，已发生的是否应当计入产品成本，实现对生产经营管理费用和产品成本直接的管理和控制。其次对已发生的费用按照用途进行分配和归集，计算各种产品的总成本和单位成本，为成本管理提供真实的成本资料。

对于双方，按照现代学徒制为企业培养技术技能人才要进行成本核算，与其直接招聘相关专业的高职生做比较，为企业的决策提供数据支撑。现代学徒制的推进，总体来讲，对企业来说作为一个市场主体，它的所有行为都是市场行为，所以要按社会主义市场经济的规律办事；对学校来说，使用财政资金办学，承担培养成本是必须的，但是由于学生（学徒）学习路径的改变，会造成教学成本的增加，这些成本全部由学校承担，还是校企共同承担？增加的费用类型有企业导师的课时费、企业实习耗材费、学生企业实习的交通费、学生（学徒）的顶岗实习津贴、餐补、各类保险费等，如果全面开展现代学徒制，这个成本的增加也是不小的一个数目，从长期可持续的角度来讲，应该按照谁受益谁承担的原则，结合企业培养技能人才的历史情况，让企业将短期收益和长期收益很好地结合起来，我们的做法是借鉴博弈论的观点，由学校给企业算经济账，如果企业从其他学校招收一个未参加现代学徒制培养的毕业生，企业需要培养多久才能独立开展工作？企业的成本将是多少？在培养这些人的过程中安排的指导师傅是否要付津贴？从企业得到明确的答复，这类毕业生从进企业到能独立地开展工作，一般都在 1 年左右，有的甚至到 1.5 年，对安排的师傅要给予一定的津贴，其工资和保险按个税起征点的最低标准来算，工资每年需要 6 万元，五险一金综合按工资总额 50%计算，企业还需要额外支付 3 万元，合计一年至少 9 万元，按这个标准员工被扣完各种五险一金之后拿到手的工资约为 5000 元，意味着企业给的工资标准要高于 5000 元，企业培养一个合格人员的整体费用还要上涨。通过这样的计算，企业明白了自己的盈利点，再谈成本分担就容易多了，当然这一切都是建立在有真实的用人需求的基础上的。

所以在现代学徒制的推行中谈成本分担，一定要站在企业的角度，采用博弈论的分析方法，要明明白白算账，要按企业的思维思考问题，将经济效益放在首位，其次再谈社会责任和情怀，这样我们在成本分担方面才能够得到稳定解决方案。

只有恰当地解决了成本分担问题，才能够形成现代学徒制运行的长效机制。

2.4 建设产业学院的探索

现代学徒制试点的最终目标是要培养人，搭建怎样的平台才能够很好地将人才培养落地，经过反复的探讨和论证，在需求驱动的情况下，形成了另一个育人主体——企业，这就为建立产业学院奠定了良好的基础，所以最后选定校企共同建设产业学院来搭建现代学徒制试点运行的平台，同时通过产业学院承担更多的功能和任务。

2.4.1 现代产业学院建设的目标

为了将现代学徒制的运行有效落地，同时兼顾企业的其他需求，学校联合多方成立了现代产业学院——燕东微电子学院。燕东微电子学院是在国家大力发展集成电路产业的时代背景下，集企业、职业院校及高校资源于一体，由企业冠名联合建设的，以校企合作为实质内涵的非独立法人办学实体。

燕东微电子学院是校企共建的办学实体，一方面以现代学徒制育人模式，校企协同培养微电子专业技术、技能人才，校企共同开发人才培养方案，校企合作招生，校企共享师资，共建资源，共同考核评价学生，企业作为实习实训教学基地，接收学生就业；另一方面学校优秀教师、企业优秀内训师形成双师团队，聘请大学教授和外部专家担任客座讲师，根据企业发展要求和人才成长需要，承担燕东公司技能人才水平提升和专业技术人员继续教育，支撑燕东公司“星级工程师”任职资格体系建设，帮助技能人才向专业技术人员转化，持续、快速提升员工的能力素质，为公司跨越式发展提供人力资源支撑。

燕东微电子学院在未来发展中坚持“三个一”的自身定位：一是“一个基地”，即微电子产业发展急需的技术技能人才培养基地，同时也是企业职工继续教育的重要基地，以能力素质建设为核心打通企业技能人才和专业技术人员的职业发展通道；二是“一个中心”，微电子学院汇集企业、职业学校和高校人力和技术资源，服务微电子产业发展需要，设立技术创新、技术研发项目，构建校企协同的技术技能积累机制，形成技术研发和教学资源转化中心；三是“一个平台”，依托电子信息职教集团，聘请国内外微电子领域领军人物，每年举办微电子产业发展和技术交流高端论坛，交流微电子人才培养的机制、模式和方法，逐步成为立足首都、面向津冀、辐射全国、有国际影响力的微电子领域学术交流平台。

“艰苦奋斗、自强不息、求实创新”是微电子产业振兴的内在要求，是燕东微电子学院的核心理念和行为模式，更是微电子人打造国家核心竞争力，在战略制高点上锻造“中国芯”的产业使命。燕东微电子学院愿与社会各界携手合作，在奋斗中成长，在创新中发展，为实现微电子产业国家战略提供人才保障和智力支撑。

2.4.2　现代产业学院建设的原则

1. 坚持育人为本

以立德树人为根本任务，以提高人才培养质量为核心，推动学校人才培养供给侧与产业需求侧紧密对接，培养符合产业高质量发展和创新需求的高素质技术技能人才。

2. 坚持产业为要

依托微电子技术专业，科学定位人才培养目标，构建紧密对接产业链、创新链的专业体系，切实增强人才对经济高质量发展的适应性。突出高校科技创新和人才集聚优势，强化“产学研用”体系化设计，增强服务产业发展的支撑作用，推动经济转型升级，培育经济发展新动能。

3. 坚持产教融合

将人才培养、教师专业化发展、实训实习实践、学生创新创业、企业服务科技创新功能有机结合，促进产教融合、科教融合，打造集产、学、研、转、创、用于一体，互补、互利、互动、多赢的实体性人才培养创新平台。

4. 坚持创新发展

创新管理方式，充分发挥高校、企业机构等多方办学主体作用，加强区域产业、教育、科技资源的协调，推进共同建设、共同管理、共享资源，探索“校企联合”“校园联合”等多种合作办学模式，实现现代产业学院可持续、内涵式创新发展。

2.4.3 现代产业学院建设的主要任务

1. 创新人才培养模式

面向集成电路产业转型发展需求，以强化学生职业胜任力和持续发展能力为目标，以提高学生实践和创新能力为重点，深化产教深度融合、校企合作，创新人才培养方案、课程体系、方式方法、保障机制等，有效推进现代学徒制人才培养模式，促进课程内容与技术发展衔接、教学过程与生产过程对接、人才培养与产业需求融合。

2. 提升专业建设质量

紧密对接集成电路产业链，实现多专业交叉复合，支撑集成电路产业链的微电子技术、电子信息工程技术、机电一体化技术若干关联专业快速发展；与企业合作成立专业建设指导委员会，引入行业标准和企业资源提高专业建设标准化、国际化水平。

3. 开发校企合作课程

引导企业深度参与教材编制和课程建设，设计课程体系、优化课程结构。加快课程教学内容迭代，关注行业创新链条的动态发展，推动课程内容与行业标准、生产流程、项目开发等产业需求科学对接，建设一批高质量校企合作课程、教材和工程案例集。以企业技术革新项目为依托，紧密结合产业实际创新教学内容、方法、手段，增加综合性、设计性实践教学比重，把行业企业的真实项目、产品设计等作为毕业设计和课程设计等实践环节的选题来源。依据微电子技术专业特点，使用真实生产线等环境开展浸润式实景、实操、实地教学，着力提升学生的动手实践能力，有效提高学生对产业的认知程度和解决复杂问题的能力。

4. 打造实习实训基地

基于燕东公司的生产流程，创新多主体间的合作模式，构建基于产业发展和创新需求的实践教学和实训实习环境。统筹各类实践教学资源，充分利用燕东公司的优质资源，构建功能集约、开放共享、高效运行的专业实践教学平台。建设一些兼具生产、教学、研发、创新创业功能的校企一体、产学研用协同的大型实验、实训、实习基地。

5. 建设高水平教师队伍

依托燕东微电子学院，探索校企人才双向流动机制，设置灵活的人事制度，建立选聘企业业务骨干、优秀技术和管理人才到学校任教的有效路径。完善产业兼职教师引进、认证与使用机制。加强教师培训，共建一批教师企业实践岗位，开展师资交流、研讨、培训等业务。开展校企导师联合授课、联合指导，推进教师激励制度探索，打造高水平教学团队。

2.4.4　支撑现代产业学院运行的主要制度文件

为支撑燕东微电子学院的有效运行，必须要有一套完整的运行制度，经过实践探索，最终形成了以下制度文件和组织机构：

（1）燕东微电子学院章程；

（2）燕东微电子学院理事会；

（3）燕东微电子学院组织机构；

（4）燕东微电子学院经费管理办法；

（5）燕东微电子学院理事会议事规则。

2.5　典型工作和成果举例

2.5.1　成立双主体育人实体燕东微电子学院，并召开理事会

校企联合成立了燕东微电子学院，成立了燕东微电子学院理事会和燕东微电子学院组织机构，召开第一次理事会，会议审议通过《燕东微电子学院章程》《燕东微电子学院经费管理办法》《燕东微电子学院理事会议事规则》；会议决定《关于在燕东微电子学院实施经教育部批准的<“微电子技术专业”现代学徒制试点实施方案>》。

在章程中明确了校企联合以现代学徒制模式培养微电子技术专业技术技能人才，明确了双方的经费投入，每年各不少于××万元，对于投入的经费明确了经费使用办法。

顺利召开了燕东微电子学院成立大会，并揭牌，利用成立大会的契机召开了第一次学术报告会，有力地提升了燕东微电子学院的影响力。

2.5.2　共同制订《现代学徒制多方参与的人才评价方案》，落实双主体育人机制

由于燕东公司的发展，迫切需要人力资源的支持，本项目的试点首先是由企业发起，所以天然地形成了育人双主体，企业非常关注招收学徒的质量，企业更加关注教学内容的设置和培养结果的评价，这些都为实现共同招生和共同培养奠定了坚实的基础，校企共同制订了《现代学徒制多方参与的人才评价方案》，主要针对以下课程开展评价：

（1）开展一体化教学的核心课程；

（2）企业认知/轮岗实习；

（3）毕业设计与定岗实习。对学生的知识、能力、素质进行综合评价。

同时制定了《现代学徒制校企实践场地资源共享共用管理办法》《现代学徒制学徒岗位资源调配管理办法》，落实双主体育人。现代学徒制多方参与的人才评价方案如图 2-1 所示。

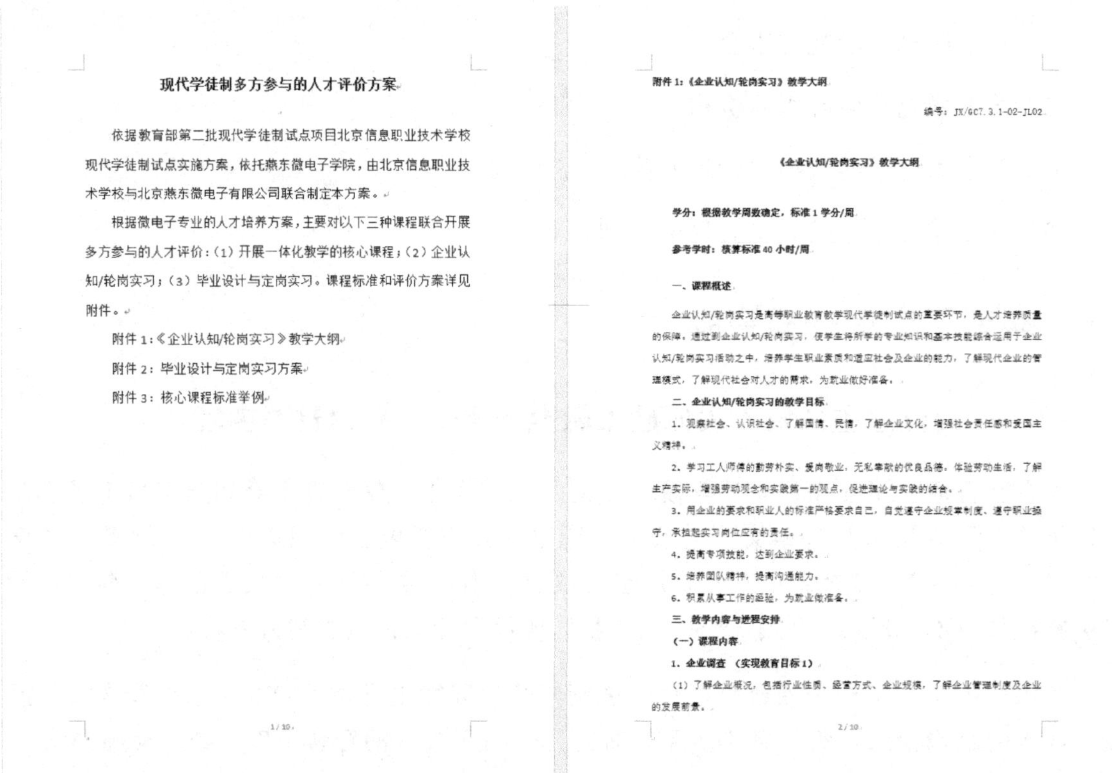

现代学徒制多方参与的人才评价方案

依据教育部第二批现代学徒制试点项目北京信息职业技术学校现代学徒制试点实施方案，依托燕东微电子学院，由北京信息职业技术学校与北京燕东微电子有限公司联合制定本方案。

根据微电子专业的人才培养方案，主要对以下三种课程联合开展多方参与的人才评价：（1）开展一体化教学的核心课程；（2）企业认知/轮岗实习；（3）毕业设计与定岗实习。课程标准和评价方案详见附件。

附件 1：《企业认知/轮岗实习》教学大纲

附件 2：毕业设计与定岗实习方案

附件 3：核心课程标准举例

1/10

附件 1：《企业认知/轮岗实习》教学大纲

编号：JX/GC7.3.1-02-JL02

《企业认知/轮岗实习》教学大纲

学分：根据教学周数确定，标准 1 学分/周

参考学时：核算标准 40 小时/周

一、课程概述

企业认知/轮岗实习是高等职业教育教学现代学徒制试点的重要环节，是人才培养质量的保障，通过到企业认知/轮岗实习，使学生将所学的专业知识和基本技能综合运用于企业认知/轮岗实习活动之中，培养学生职业素质和适应社会及企业的能力，了解现代企业的管理模式，了解现代社会对人才的需求，为就业做好准备。

二、企业认知/轮岗实习的教学目标

1. 观察社会、认识社会、了解国情、民情，了解企业文化，增强社会责任感和爱国主义精神。

2. 学习工人师傅的勤劳朴实、爱岗敬业，无私奉献的优良品德，体验劳动生活，了解生产实际，增强劳动观念和实践第一的观点，促进理论与实践的结合。

3. 用企业的要求和职业人的标准严格要求自己，自觉遵守企业规章制度、遵守职业操守，承担起实习岗位应有的责任。

4. 提高专项技能，达到企业要求。

5. 培养团队精神，提高沟通能力。

6. 积累从事工作的经验，为就业做准备。

三、教学内容与进程安排

（一）课程内容

1. 企业调查 （实现教育目标 1）

（1）了解企业概况，包括行业性质、经营方式、企业规模，了解企业管理制度及企业的发展前景。

2/10

图 2-1 现代学徒制多方参与的人才评价方案

2.5.3 引入第三方评价机构，对现代学徒制的试点情况开展独立评价

学校和麦可思数据（北京）有限公司签署协议，聘请该公司对电子信息工程技术（微电子方向）专业的现代学徒制试点开展第三方评价，采用多方共同参与的综合评价机制，将学生评价、家长/监护人评价、教师/师傅评价、学校评价与企业评价相结合，构建完善且全面的第三方评价机制，通过该评价的结论，将全面改进现代学徒制的试点工作。第三方评价报告如图 2-2 所示。

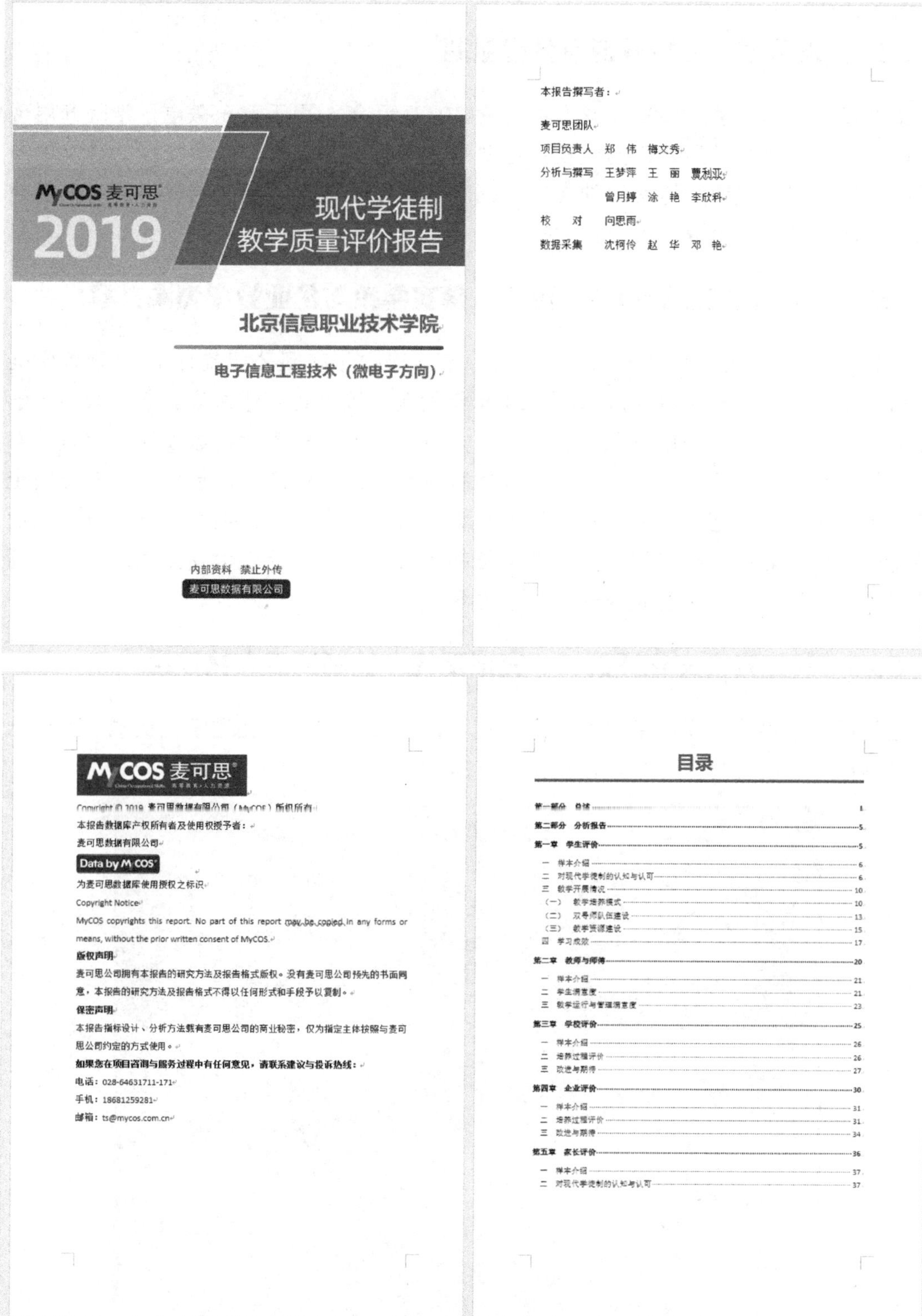

MyCOS 麦可思

2019

现代学徒制
教学质量评价报告

北京信息职业技术学院

电子信息工程技术（微电子方向）

内部资料 禁止外传

麦可思数据有限公司

本报告撰写者：

麦可思团队

项目负责人 郑 伟 梅文秀

分析与撰写 王梦萍 王 丽 贾利亚
曾月婷 涂 艳 李欣科

校 对 向思雨

数据采集 沈柯伶 赵 华 邓 艳

MyCOS 麦可思

Copyright © 2019 麦可思数据有限公司（MyCOS）版权所有

本报告数据库产权所有者及使用权授予者：

麦可思数据有限公司

Data by MyCOS

为麦可思数据库使用授权之标识

Copyright Notice

MyCOS copyrights this report. No part of this report may be copied in any forms or means, without the prior written consent of MyCOS.

版权声明

麦可思公司拥有本报告的研究方法及报告格式版权。没有麦可思公司预先的书面同意，本报告的研究方法及报告格式不得以任何形式和手段予以复制。

保密声明

本报告指标设计、分析方法载有麦可思公司的商业秘密，仅为指定主体按照与麦可思公司约定的方式使用。

如果您在项目咨询与服务过程中有任何意见，请联系建议与投诉热线：

电话：028-64631711-171

手机：18681259281

邮箱：ts@mycos.com.cn

目录

图 2-2 第三方评价报告

2.5.4 健全了人才培养成本分担机制

依据燕东微电子学院章程，双方各出资 30 万元/年，用于燕东微电子学院开展现代学徒制试点和专兼职教师队伍的建设，主要用于课时费的支付、教学资源的开发、专兼职教师队伍培养、交通费等费用的支出；同时学生在企业实习期间的耗材费用、餐补、工服、顶岗实习补贴等费用由企业承担。

2.5.5 续签现代学徒制合作协议，落实学校与企业教学资源共享

2015 年，北京信息职业技术学院与北京燕东微电子有限公司签订了《“现代学徒制人才培养试点”校企合作协议》，并在 2018 年续签了该校企合作协议。燕东微电子学院成立后，学校专门开辟场地资源，进行燕东微电子学院文化建设，建设特色教室，培养学生对行业和企业文化的认同，同时学校的教室和实训室资源、信息化教学资源向企业开放，由于微电子工艺实习的实训室投资和维护成本巨大，学校很难独立建设，企业向学校全面开放企业生产线和岗位，支持学徒的实习实训，有计划地安排教师下企业开展实践锻炼，安排学生在企业完成部分教学内容。

2.5.6 共建育人文化环境——完成现代学徒制试点文化建设

建设成燕东微电子学院的教学实体环境，注重文化作用，促进学生认知专业、认可专业和钻研专业的良好育人环境，如图 2-3 所示。

图 2-3 现代学徒制试点文化建设

第3章 招生招工一体化的研究与实践

完善职业院校招生录取与企业用工一体化的招生招工制度，推进校企共同制订和实施招生招工方案。规范职业院校招生录取和企业用工程序，签订学生与企业、学校与企业两份合同（或学徒、学校和企业之间的三方协议），明确学徒的企业员工和职业院校学生双重身份（对于年满16周岁未达到18周岁的学徒，须由学徒、监护人、学校和企业四方签订协议），明确各方权益及学徒在岗培养的具体岗位、教学内容、权益保障等。

以上是试点文件的要求。坚持问题导向，对这部分内容进行反复的研讨，结合我们的实践，认为主要要探索以下几个问题的解决方案：

（1）在现有法律法规框架下，制订一套招生招工一体化的方案。

（2）保障学生（学徒）合法利益的探索。

针对上述问题我们主要开展了如下研究和实践。

3.1 招生招工一体化方案的制订

当前在国内存在两种学徒制的形式，一种是教育部牵头开展试点实践的现代学徒制，另一种是人社部牵头开展实践的新型学徒制。这两种类型的学徒制最大的区别是新型学徒制的学徒第一身份是企业的员工，跟企业签订劳动合同，由于不是通过高考方式录取的，故其不具有高等学校的学籍，由于有劳动合同，相应的各项保险也能够顺利办理，而且是强制办理；而现代学徒制的学徒第一身份是学校的学生，以开展试点的高职院校为例，学徒必须通过高考被正式录取后才能取得高等学校的学籍，由于是在校学生，根本无法和企业签订劳动合同，无劳动合同就意味着无法办理相关的各种保险。

再有，新型学徒制是人社部和财政部联合发文，校企联合完成了学徒的培养，相应地，企业能够按每个学徒的标准享受补贴，这大大地提高了企业的积极性，同时合作的技工院校也有相应的收益；而教育部推行的现代学徒制没有财政资金的支持，也增大了现代学徒制推行的经济困难。

针对这种情况，我们探索了一套招生招工一体化的方案。

1. 前期公开宣传

通过各种招生宣传渠道宣传微电子技术专业的现代学徒制试点，将政策讲清楚，吸引更多的考生报考。

2. 录取报到后重点宣讲

在现代学徒制的学生报到后要专门召开一次宣讲会，介绍人才培养模式，企业、学校、学生（学徒）各方的权利和义务。

3. 签订学生（学徒）、学校、企业的三方协议

刚入学时，有的学生还不满 18 周岁，我们会给学生将近 1 个学期的思考等待期，基本在第一个学期快结束，即将去企业完成认知实习时，安排完成三方协议的签署，对于个别不满 18 周岁的，还要让其监护人签字。

3.2 保障学生（学徒）合法利益的探索

为保障学生（学徒）的权益，在学生（学徒）入学后签订学校、企业、学生（学徒）三方协议，特别明确经过校企的共同考核，学生顺利拿到了毕业证书，学生也有意愿去企业工作，企业将无条件接收学生。从目前运行的情况看，有 80%的学生选择在现代学徒制培养企业就业，有 15%的学生选择专接本提升学历，5%的学生由于身体等其他原因而选择不在培养企业就业。

在学生（学徒）入学后单独召开的开学典礼上，第一时间告知学生对他们的培养定位和成长路径，这个培养定位和成长路径一定要落地，让学生能够在企业真切地体会和感受到。应用激励理论，设计好学生的成长路径，具体将培养目标分 2 个阶段，第一阶段，他们将来毕业后能够独立承担某一岗位的工作，不需要经过见习期，直接和企业的工程师评价对接；第二阶段，毕业后经过 2～3 年的成长，随着工作经验的积累，一部分人将成长为工作在一线的班组长，既要懂技术又要懂管理。为实现培养目标，应告知学生（学徒）我们的培养模式是校企共同培养，即现代学徒制模式。在培养目标和成长路径的落实上，要处处从细节入手，例如我们在学生（学徒）第一学期的企业认知实习中就有一项任务，让学生（学徒）给自己、岗位上的指导师傅、所在产线的班组长画像，找出知识、能力的差距，明确自己努力的目标和方向。

根据我们的实践，在现代学徒制推进中，越保障学生（学徒）的权益，越明确他们未来的目标，越有利于人才的培养，越有利于培养学生（学徒）对合作企业的忠诚度。

3.3 典型工作和成果举例

3.3.1 完善院校招生录取与企业用工一体化的招生招工制度

校企联合制定了《现代学徒制招生与招工管理办法》《现代学徒制校企联合招生招工工作方案》，在工作方案中明确了以下内容：

（1）招生招工的规模和生源渠道；

（2）招生招工的制度保障；

（3）联合开展招生招工宣传；

（4）联合开展招生招工面试。

招生招工工作方案如图 3-1 所示。

3.3.2 明确了学生（学徒）的双重身份，签署三方协议

首批试点学生全部来自外埠招生，在学生全部报到后，对学生进行了现代学徒制试点的政策、意义和优缺点的宣讲，在学生经过一个学期的学习之后，再跟监护人充分沟通，在征得监护人同意的基础上签订了《北京信息职业技术学院教育部第二批现代学徒制试点项目学校、企业、学生（学徒）三方协议书》。

3.3.3 通过招生简章扩大现代学徒制试点的宣传

为扩大招生宣传的效果，在制定招生简章时在显著位置对开展现代学徒制的试点进行了重点宣传。从 2018 年的招生效果来看，取得了不错的宣传效果：投放计划 40 个，录取 37 人，实际报到 34 人。现代学徒制的宣传册如图 3-2 所示。

现代学徒制校企联合招生招工工作方案

依据教育部第二批现代学徒制试点项目北京信息职业技术学院现代学徒制试点实施方案，依托燕东微电子学院，由北京信息职业技术学院与北京燕东微电子有限公司联合制定本招生招工工作方案。

一、招生招工的规模和生源渠道

进入现代学徒制试点的学生（学徒）必须要取得高等学校的学籍，要获得高等学校的学籍目前只有通过高考一条途径，为进一步提高参加学徒制试点专业的培养质量，为企业提供更加优秀的技术技能人才保障，双方商定每年按 30 人的规模开展招生培养。

同时在北京市生源数量急剧下降和执行严格的疏解政策的前提下，通过多种高考途径，保证生源数量和质量，可采用的高考招生途径有：

1. 北京市自主招生高考方式
2. 北京市单考单招高考方式
3. 北京市统招高考方式
4. 外埠统招高考方式

二、招生招工的制度保障

在北京市生源数量急剧下降和执行严格的疏解政策的前提下，现代学徒制的试点未争取到特殊的招生政策的背景下，优先利用现有资源对现代学徒制的试点进行保障。

1. 优先采用自主招生方式

1/3

因为自主招生是我校高考招生的主要形式，也是招生数量最大的形式，为保障该班的招生数量，满足开班要求，优先采用自主招生方式。

在自主招生时，由于考生要报名确认，利用和考生能够直接面对面的机会，双方联合开展招生咨询、招生面试，对有意向参加现代学徒制试点的学生告知将签署北京信息职业技术学院教育部第二批现代学徒制试点项目学校、企业、学生（学徒）三方协议。

2. 外埠招生指标分配倾斜原则

为确保该班的顺利组班，学校对外埠招生的名额进行优化调整，优先满足微电子技术专业现代学徒制试点班的招生指标要求，优先在北京周边的生源大省投放招生指标。

3. 多种高考方式投放指标原则

为确保招生规模，多渠道投放招生指标，在各种招生方式中都投放招生指标。

4. 企业鼓励具有北京市户口的在职同等学历职工报考

为了进一步提升企业员工的技术技能水平，企业鼓励具有中等学历具有北京市户口的员工继续报名参加高考，通过现代学徒制试点班提升自己的学历和技术技能水平，将来在企业发挥更大的作用。

三、联合开展招生招工宣传

1. 联合组建招生宣传队伍

为将现代学徒制试点的各项政策讲清楚，说明白，学校和企业联合组建招生宣传队伍，制定招生招工一体化宣传方案，统一进行培训，

2/3

统一宣传口径，统一开展宣传。

2. 定制化开发现代学徒制招生宣传资料

针对广大考生和家长对现代学徒制的试点不了解，不是十分的认同，我们对定制开发了现代学徒制的招生宣传资料，制作了展板和相关视频，提升招生宣传的针对性。

3. 利用大型招生咨询会和进校宣传的机会，开展招生招工一体化咨询

利用北京市的各类大型招生咨询会和进校园的宣传机会，联合开展招生招工一体化咨询宣传工作，通过宣传，让广大考生更加认识和认可现代学徒制试点，提高报考率。

四、联合开展招生招工面试

在自主招生时，由于考生要报名确认，利用和考生能够直接面对面的机会，双方联合开展招生咨询、招生面试。

3/3

图 3-1　招生招工工作方案

（a）2019 年高会统招招生简章

（b）2019 年自主招生简章

图 3-2　现代学徒制的宣传册

3.3.4　落实了进入定岗实习阶段的薪酬标准

根据三方协议，学徒在企业定岗实习期间的报酬，由学校、企业、学徒三方根据学徒在企业实习期间所在岗位另行签订协议；原则上不低于企业相同岗位试用期工资标准的 80%。

第4章 人才培养制度和标准的研究与实践

按照“合作共赢、职责共担”原则，校企共同设计人才培养方案，共同制定专业教学标准、课程标准、岗位技术标准、师傅标准、质量监控标准及相应实施方案。校企共同建设基于工作内容的专业课程和基于典型工作过程的专业课程体系，开发基于岗位工作内容、融入国家职业资格标准的专业教学内容和教材。

以上是试点文件的要求，坚持问题导向，对这部分内容经过反复的研讨，结合我们的实践，这里主要探索以下几个问题的解决方案：

（1）选用一套能够得到企业高度认可的专业标准开发方法。

（2）完成专业标准、课程标准的开发，形成共同认可的人才培养方案。

（3）开发专业的教学内容和教材。

4.1 主要的职业教育专业教学标准开发方法

我国已确立了现代职业教育这一建设目标，而专业教学标准是整个职业教育体系运行的基础，它在规范职业院校教学、全面提高教学质量、深化人才培养模式改革等方面具有极为重要的战略意义：

（1）是规范职业院校教学的基础。有了国家相应专业教学标准，职业院校的课程设置与教学要求才能有共同的基本规范。

（2）是全面提高教学质量的基础。国家相应专业教学标准的开发，将有利于快速提升职业院校课程建设水平、解决课程重复建设问题、促进多方面系统衔接等。

（3）是深化人才培养模式改革的基础。如何真正基于企业要求进行人才培养是职业教育人才培养模式改革的主旋律，而这一改革如果没有国家相应专业教学标准为基础就很难落实。

（4）是提高教育经费与教学资源使用效率的基础。有了专业教学标准，教育经费与教学资源的使用才会有方向。因此专业教学标准建设水平成为一个国家或地区职业教育现代化水平的重要标志，现代职业教育建设要抓住这一关键要素。[1]

在国外，严格地说，并无专业教学标准这一概念。但是，如果把专业教学标准的核心功能理解为对职业教育教学内容的总体描述和规定，国际上与之功能和性质接近的文本就普遍存在，而且对职业教育教学内容进行标准化建设，是 20 世纪 90 年代以来西方发达国家职业教育发展的共同趋势，如英国的国家职业资格证书（NVQ）、德国的学习领域课程开发和美国各州的教学内容标准开发等。[1]

专业教学标准开发是一项专业性极强的活动，如当年国际劳工组织 MES 课程体系开发就历时 14 年之久。德国一个新的培训职业的教学标准开发通常需要 3 年。历时之长显示了该项工作的专业性和复杂性。在设计适合我国国情的专业教学标准开发技术方案之前，有必要先系统借鉴国外专业教学标准开发的成熟技术。如前所述，国外并无专业教学标准这一概念，但功能与之接近的文本却很多，如美国的内容标准、德国的培训条例、英国的国家资格标准等。对国外职业教育专业教学标准的设计、开发与应用的研究可以帮助我们更好地了解该领域的发展现状，借鉴来自别国优秀的开发经验，探索本国职业教育国家专业教学标准的开发路径。[2]

纵观世界职业教育课程开发的历程，能力本位是其发展的核心。以能力培养为指导思想，职业教育较发达的国家经过不断的摸索与实践，逐渐形成了比较有代表性的专业教学标准开发方法，如 DACUM 开发模式、MES 开发模式、“双元制”开发模式。

---

1 徐国庆，李政，等. 职业教育国家专业教学标准开发理论与方法[M]. 上海：华东师范大学出版社，2017：1.

2 徐国庆，李政，等. 职业教育国家专业教学标准开发理论与方法[M]. 上海：华东师范大学出版社，2017：74.

4.1.1 DACUM开发模式

DACUM是英文Developing A Curriculum的缩写，即课程开发，它是20世纪60年代末由加拿大皇家经济开发中心和美国通用学习公司合作开发的。这种模式的主要实质是从社会需求出发，通过与用人单位合作，以能力培养为中心来设计、实施和评价课程。

1. DACUM开发模式的指导思想

DACUM 开发的指导思想是基于工作的，其出发点是培养对象应具备什么样的能力和技能。其课程设计是根据国家、社会、劳动市场对职业的需求，确定应该设置的专业，根据对专业岗位工作和任务的分析，确定所需的能力，然后据此开发课程。在这种思想的指导下，课程目标指向工作岗位所需的能力，教学过程和最终的培训效果均以能力为评价的标准，从而使得职业教育的课程与现实的生产技术紧密相联。

2. DACUM模式的开发步骤

DACUM开发的步骤包括下列几个环节：

（1）工作分析。分析所培训人员“职业内的工作”，即确定该职业内的工作职责和每一项职责的任务。

（2）任务分析。分析确定所培训人员在其“工作职责”的每项“任务”中应达到的能力目标，使每项任务成为可以实现的要求。

（3）教学分析。主要根据“任务分析”专家委员会制订的能力目标编制教学模板或单元，然后确定课程设置，制订出教学计划。

（4）教学标准开发。根据“教学分析”制订的课程设置（教学计划）确定每门课程的教学目的，编制教学标准。

（5）教学实施。根据以上制订出的教学计划、教学标准等实施教学。在教学过程中进一步总结经验，及时修订教学计划、教学标准，调整教学内容和方法。

DACUM 开发模式自创建后得到了很大的发展和广泛的传播。在西方职业教育领域，DACUM被公认为一种经济的、有效的课程开发模式。

4.1.2 MES开发模式

MES是Module of Employable Skill的缩写，意为“适于就业技能的模块组合”，所以MES课程开发模式又称“模块式职业技能培养模式”。这种模式是在借鉴德国、瑞典等国的“阶段式培训课程模式”及英国、美国与加拿大等国的“模块培训”等经验的基础上开发出的典型的职业培训模式。

1. MES 开发模式的指导思想

MES 开发模式将人类社会（一个国家或地区）的所有经济活动，按活动性质和任务分类划分成若干部分，每一部分称为一个职业领域；再将职业领域内人们所从事的生产活动按工作条件、工作环境及其相互关系分成若干部分，每一部分称为一个工作范围；将某一工作范围按生产活动的性质、任务再进行分割，所得的各个部分就称为工作；而生产者完成某一项工作必须具备的技能标准——职业技能系统，称为工作规范。

经过层层分析所得出的技能标准还可以划分为不同的层次，通常分为初、中、高三个不同的技术等级。再将一个职业技能系统生产活动的过程或对象按活动对象的性质或活动顺序分割成若干个活动单位，分割后的活动单位相互独立，但又有内在联系，这个单位称为模块。每一个模块是一个职业技能系统的一部分，学生每学完一个模块，就等于增加了一种就业技能。

2. MES 模式的开发步骤

MES 大纲设计的起点为培训需求的分析，主要针对社会行业、学生及家长、政府三方面进行调查，然后将培训专业（工种、岗位）、目标和对象确定下来。

在 MES 模式中，把专业（工种、岗位）统称为工作（Job）。MES 培训大纲的设计在“工作”上展开，并通过下列顺序完成：

（1）工作描述。对工种或岗位的任务、组织形式、工作条件（标准）及学生进入培训的要求简明扼要地描述。

（2）工作内模块的排列与描述。把工作合乎逻辑地分割成若干模块，然后按工作的工艺流程顺序或由易到难、由初级到高级的顺序进行排列。

（3）模块分析。对每一模块从以下四个方面进行进一步的分析：工作步骤；标准，主要是工艺图纸或工艺文件的有关规定；技能，列出完成相应工作步骤所需技能与知识；范畴，所列的技能或知识在学习心理学中的范畴，分为心理运动、认知与情感。

（4）模块学习单元的分析。上述分析已反映出每一模块中各个工作步骤所需的技能，依据这些信息进而确定相应的学习单元。

（5）制订 MES 培训大纲。将全部学习单元和模块进行科学有序的排列组合，以形成 MES 培训大纲。

MES 模式在职业培训系统观的基础上，创造性地运用“模块组合”的设计思想，这些“模块”课程不但可以在国与国之间转移，而且可以在不同经济背景的职业领域之间转移，这也正是 MES 模式在世界各国职业技能培训方面得以广泛应用的原因之一。

4.1.3 “双元制”开发模式

“双元制”是德国职业教育的主要形式，其根本标志是学生部分时间在企业接受职业技能培训，部分时间在职业学校接受包括文化基础知议和专业理论知识在内的教育。这种“双元”特性主要表现为企业与学校、实践技能与理论知识的紧密结合，每一“元”都是培养合格技术人员过程中不可或缺的组成部分。

1. “双元制”开发的指导思想

“双元制”以专业实践活动为本位，实践活动在整个课程结构中居于不可动摇的主导地位。“双元制”最显著的特点是理论课程与实践课程既明确分工又紧密联系。一方面用理论来指导实践，同时又强调理论必须在实践中得到验证并通过实践加深对理论的理解；另一方面，无论何种课程内容都突出学以致用的实用性。为确保学生掌握操作技能的主要目标，“双元制”的课程设计始终坚持以企业培训为主、学校教学为辅的原则，在三年左右的学习期限内，实践课程与理论课程每周所占课时第一年为 3∶2，第二年以后则为 4∶1，总的课时比例为 7∶3 或 8∶2。

2. “双元制”模式的开发步骤

1）“双元制”课程标准的制定

“双元制”课程标准由培训条例和教学计划纲要两部分组成。培训条例由企业实施，教学计划纲要由职业学校实施，两者相辅相成。

一般而言，“双元制”课程标准的制定过程分为以下三个阶段，即计划准备阶段、制定表决阶段、公布实施阶段。

2）“双元制”课程的实施

“双元制”课程模式是建立在企业与学校共同进行职业能力分析的基础之上的，其课程结构是以双元形式体现的，一元是企业为主的技能培训课程；另一元是以职业学校为主的理论教学课程。双元之间以技能培训为主，但又互相协调、互为补充。

学生在实践活动中获得感性认识，然后随着知识的积累螺旋上升到理性认识的高度，从而能更好地指导实践工作。而学校教师将课程内容划分为若干单元内容，并制订每个单元的具体教学目标，然后根据单元目标进行讲授、练习，再通过检查得到反馈，让学生及时看到学习上的成果，以形成学习上的良性循环。

4.1.4　全国现代学徒制工作专家指导委员会推荐的方法

该开发方法是由全国现代学徒制工作专家指导委员会开发和推荐的现代学徒制专业教学标准和课程标准开发方法。其将现代学徒制专业教学标准和课程标准开发围绕“供需调研—职业能力分析—课程体系建构—标准编制”四个基本环节开展，为确保每个环节的研制质量及各环节间形成鲜明的逻辑关系，必须运用科学的方法。如可以采用“分环节、定目标、解能力、转课程”的系列开发方法，其中，“分环节”是将标准研制分为供需调研、职业能力分析、课程体系建构、标准编制四个环节；“定目标”是在明确专业对应目标岗位的基础上，运用职业生涯发展路径分析法和人才培养目标层次定位法，确定中高职不同层次人才的培养目标；“解能力”是针对专业对应的目标岗位，运用“二维四步五解”等职业能力分析法，以典型工作任务为载体，从专业能力和职业素养两个维度解析专业对应的能力要求；“转课程”是运用典型工作任务到课程转换法，将中高职不同层级的典型工作任务及能力要求转化为中高职分层的课程体系。[1]

1. 供需调研环节

在这部分主要明确了以下方法和路径：

（1）确定了供需调研的基本要求，主要包括：①调研目的；②调研内容；③调研范围；④调研方法；⑤调研工具；⑥调研要求；⑦时间安排；⑧预期成果。

（2）提供了一套调研报告的参考模板，调研报告应主要包括：①前言，主要完成调研背景分析，明确调研的内容及意义；②调研的基本情况，主要说明调研的组织方法、调研的样本分布；③调研资料分析，主要包括行业现状和人才需求情况、职业岗位（群）的情况、职业资格和行业规范要求情况、职业院校课程设置情况、学生学习状况、本专业毕业生就业情况；④调研结论，主要结合专业教学标准的内容结构，构建现代职业教育体系的要求，通过综合分析得出相关结论，构建出该专业的毕业生职业生涯发展路径表；⑤对策与建议，根据调研的结论，结合调研的目的，针对现状和存在的问题，提出对策与建议，要有针对性和可操作性；⑥参考文献，按规范的格式列示参考文献；⑦附录，包括调查人员名单、工作内容和工作量等。

（3）提供了一套职业生涯发展路径分析法。

（4）应用了人才培养目标层次定位法，由于职业教育专业培养目标蕴含着人才规格和质量标准，反映专业的本质特征和内在要求，科学合理地定位培养目标是职业教育教

---

1 全国现代学徒制工作专家指导委员会，广东省教育研究院，等. 现代学徒制专业教学标准和课程标准[M]. 广州：广东高等教育出版社，2018：9.

学活动的起点；运用人才培养目标层次定位发明确中高职不同层次专业人才的培养的能力要求，围绕立德树人，从就业领域、目标岗位、职业能力三方面描述专业人才培养目标。[1]

2. 职业能力分析环节——“二维四步五解”职业能力分析法[2]

1）基本内涵

“二维四步五解”职业能力分析法是以行业企业专家为分析主体，从**专业能力**和**职业素养**两个维度，通过确定专业对接的职业岗位、职业岗位细分为工作项目、工作项目细分为工作任务、工作任务细分为职业能力四个步骤，再从技能、工具、方法、要求、知识五个方面分析完成工作任务应具备的专业能力，从沟通交流、数字应用、革新创新、自主学习、团队合作、解决问题、信息处理、责任（安全）意识、外语应用和其他十个方面分析职业素养。

2）职业能力分析表

根据“二维四步五解”职业能力分析法的内涵，设计了专门的分析工具，开展职业能力分析，形成职业能力分析表。

3）职业能力分析步骤

“二维四步五解”职业能力分析步骤就是“四步”，即“岗位—工作项目” —工作任务—职业能力（点）”。

第一步，确定专业所对应的职业岗位。一般一个专业每一学历层次对应 4～6 个职业岗位。这些岗位通过第一环节“供需调研”确定，具体表示在“职业生涯发展路径”中。对于现代学徒制专业的职业能力分析，除分析中职、高职或应用本科学历层次对应的职业岗位之外，必须重点分析与合作企业签订的学徒岗位的职业能力。

第二步，每个职业岗位的工作领域分解成若干个工作项目。“工作项目”指将职业或岗位群所涉及的职业活动，按工作性质、流程或要求分解而成若干工作范畴、范围或领域，一个工作项目应包含完整的工作过程，具有整体性、独立性。一般每个岗位有 5 个左右的工作项目，一般采用名词表述。

第三步，将每个工作项目按其工作步骤或内容事项细分成若干工作任务。“工作任务”指某一工作项目的活动环节或事项，是完整工作的局部，具有稳定性、普遍性。一般每个工作项目分为 5 个左右的工作任务。一般采用名词表述“工具及设备的选用”，

---

1 杜怡萍. 中高职衔接专业培养目标的定位研究[J]. 中国职业技术教育，2014（32）：56-60.

2 全国现代学徒制工作专家指导委员会，广东省教育研究院，等. 现代学徒制专业教学标准和课程标准[M]. 广州：广东高等教育出版社，2018：19.

当然也可采取动宾结构表述“选用工具及设备”。

第四步，确定完成某一任务需具备的具体职业能力点。“职业能力（点）”是完成某一工作任务应具备的能力要求，主要从完成这一工作任务所需要的技能、工具、方法、要求、知识五方面来剖析。一般每个工作任务分解 5 个左右的职业能力点。

由于能力是一种内化了的个性品质，但其可以在相关的职业活动中得以体现出来，国外的职业能力分析多采用对行为描述的方式来表达能力，通常采用动宾结构表述，其格式为“动词+名词（对象）”的短句，如“能做什么”“怎么做的”“做得怎么样”，具有直观性、可测性。多使用直接性的行为动词，少使用心智行为的动词。一般不用或少用“掌握什么知识”，而采取用“陈述什么知识”或“辨别什么知识”，这样提高了职业能力的可测性，从而使得内隐的能力实现了外化。

需要特别说明的是职业素养的分析。职业素养作为职业能力的重要组成部分，其与专业能力不同，其与具体职业活动不直接相关，具有职业通用性。职业素养不是针对某种具体的职业和岗位的，而是指可以迁移和运用到很多职业和岗位的能力，而且，当劳动组织发生变化或当职业发生变更的时候，这种能力依然存在，可以帮助劳动者重新获得新的知识和新的技能。职业素养的细分，各国不尽相同。基于职业素养的通用性，因此职业素养的分析只需两个步骤，第一步，确定职业素养分类。借鉴各国对职业素养的不同表述，如德国所指的关键能力，英国所指的核心技能或软技能，“二维四步五解”分析法从沟通交流、数字应用、革新创新、自主学习、团队合作、解决问题、信息处理、责任（安全）意识、外语应用和其他十个方面细化职业素养。第二步，对每个职业素养在具体工作中的表现，也是采取动宾结构，从技能、工具、方法、要求、知识五方面剖析为细化的职业能力点。这两步与前述“四步”的第三、四步相同。

常采取描述职业能力的直接性的、输出性的动词：

（1）表述认知类动词。

① 知道和认识类：陈述、回忆、概述、概括、匹配、界定，等等。

② 理解类：推断、解释、辨别、判断、估计、总结，等等。

③ 迁移类：改变、转换、修改、发展、使用，等等。

④ 应用类：区分、演绎、推理、评价，等等。

（2）表述执行类动词。

① 操作类：操作、采集、配置、标定、使用、挑选，等等。

② 程序类：排序、连接、制造、调整、准备、安装，等等。

③ 理会类：理会、阅读、摘录、寻找，等等。

④ 解决问题类：计划、设计、排除、估算、计算、选择、布置，等等。

⑤ 管理组织类：组织、管理、指导、协调、监控，等等。

（3）表述情感类动词。

① 接受类：注意、觉察、识别、控制，等等。

② 反应类：遵守、服从、参与、愿意，等等。

③ 价值类：形成、表达、展示、倾向，等等。

④ 组织类：决定、限定、选择、比较，等等。

⑤ 个性类：避免、内化、抗拒、处理，等等。

4）能力要求的学历层次划分

“能力要求”的“中职”“高职”乃至“本科”，是指某一项职业能力（点）应通过中职层次、高职层次甚至本科层次中的哪个学历层次的学习来达到，换言之，属于“中职”的能力要求，就是中职教育的培养目标及内容；属于“高职”的能力要求，就是高职教育的培养目标和内容。本科依此类推。职业能力分析表的职业能力和学历层次等级划分与职业生涯发展路径的职业岗位和学历层次等级划分是一致的。值得一提的是，职业岗位等级划分和学历层次等级划分本质上都依据一套共同的标准即通用等级标准，在国际上的普遍做法就是资历框架。资历框架是对全社会各类资历分类、分级、认定及衔接的顶层制度设计，也是各种学习成果的兑换工具。目前，我国还没有建立国家层级的资历框架，目前，中国香港、广东、上海、国家开发大学等建立了区域性的资历框架，其等级和标准值得参考。

以上是“二维四步五解”职业能力分析法的基本要求和步骤，获得职业能力信息的渠道有很多，主要是邀请行业企业专家，运用头脑风暴法，召开“行业专家研讨会”，除此之外，还需要与文献研究法、案例研究法、问卷调查法、咨询专家法等结合，通过多种方法的综合运用，才能从多种途径获得职业能力信息，才能丰富职业能力分析图表。

4.1.5 专业教学标准开发方法的选择

DACUM、MES 和“双元制”开发模式都比较成熟，体现了“以能力为中心”的课程开发思想。但这三种模式都有各自的成长土壤和适应环境，从理论基础到方法体系不尽相同：各有所长、各有特色。

“双元制”模式的精华在于，它的“一元”为企业，“一元”为学校。将企业与学校、理论和实践、知识和技能、动脑和动手、教育和就业、专业和职业紧密地结合了起来，并体现在每一个环节中。特别是定向专业技术人员实践操作能力的培养，大大缩短了学生毕业进入企业的适应期，降低了企业的培训成本。但由于中德两国国情的不同和我国职业教育体制的现状，选择“双元制”方法进行专业教学标准开发存在着较大困难。

MES 模式开发出的课程以技能训练为主，培训目标明确，培训大纲符合就业与雇主要求，职业的针对性极强。因此，MES 模式适合短期职业培训，便于在有限时间内强化学生的一技之长，但对于系统的高等职业教育就显得明显不足。

DACUM 模式以职业能力分析为基础，根据工作需要开发课程，其课程设置完全服从于企业需要、岗位需要、工作需要。其课程开发过程相较前两者更为简洁，易于掌握，不需要对课程开发人员进行长期专门培训即可操作，被我国高职院校广泛采用。虽然 DACUM 模式由于过分强调实践技能的培养，对基础知识、基础理论的掌握重视不够，忽视了教育的社会功能及人的个体发展、个性的培养，针对这种可能出现的负面影响，学校可通过开设大量具有个性化的人文、技能选修课程来培养学生的人文、科学素养和完整的个性化特征。

不同的开发模式有各自的特点和适用性，对专业教学标准来说，具体采用何种开发模式要根据专业的特点、院校的条件等来决定。

4.2　专业教学标准开发过程

广东省教育研究院编写的《现代学徒制专业教学标准和课程标准开发指南》（2018 年 10 月，广东高等教育出版社）和广东省教育研究院、全国现代学徒制工作专家指导委员会编写的《现代学徒制专业教学标准和课程标准开发指南》（2020 年 3 月，广东高等教育出版社），对专业教学标准和课程标准的开发思想和开发方法、专业教学标准编制和课程标准的编制给出了详细的开发方案和过程指导。专业教学标准的开发核心是基于职业能力分析，对于这套方法北京信息职业技术学院早期已经采用并用于了专业教学标准的开发，相关内容曾获国家教学成果奖二等奖，所以在实际开发中，我们并没有直接采用上面两本书中提到的方法，而是采用北京信息职业技术学院自己完整的一套开发方法，在职业分析环节采用的是 DACUM 方法，北京信息职业技术学院的方法成熟后投入使用的时间在 2008 年前后，在用于现代学徒制专业教学标准的开发时根据时代的变化，个别地方做了适度的调整，无论是用北京信息职业技术学院自己的方法还是全国现代学徒制工作专家指导委员会所推荐的方法，核心内容和环节、流程都基本一致，下面就具体介绍用于北京信息职业技术学院现代学徒制试点专业专业教学标准的开发方法。

4.2.1　专业教学标准的功用与开发

1. 专业教学标准的功用

《专业教学标准》是用于规范专业设置、专业建设、专业教学及教育评价的法规性文件。《专业教学标准》的功用在于，明确阐述专业设置的依据，准确界定专业与职业领域，清晰定义专业培养目标和职业能力要求，具体提出毕业生应达到的技术技能指标，完整开发专业课程体系结构。

《专业教学标准》还是《课程标准》开发的前提与依据。《课程标准》是用于规范课程策划、课程建设、课程教学及课程评价的法规性文件。《课程标准》的功用在于，清晰定义课程教学目标，全面阐述课程教学内容与要求，明确提出本课程的考核目标，系统规划本课程的教学模式和考核方式，具体给出各项教学文件（如项目任务书、教学案例集、讲义、实训指导书等）的开发思路，给出教学资源使用的意见和建议。

《专业教学标准》和《课程标准》是学校开设专业、设置课程和组织教学的基础性文件，也是学校开展人力资源建设、物力资源建设及教育教学评价的依据。此外，还可作为学生选择专业和用人单位招聘录用毕业生的依据。

2. 专业教学标准开发的指导思想与基本原则

专业教学标准开发工作必须以服务首都经济社会发展为宗旨，以就业为导向，形成适应首都社会经济发展需要的专业格局；必须以职业岗位的实际需要为依据，以能力为本位，建立新型课程体系；必须按照职业技能与工作任务要求，形成“任务驱动”的学习进程，努力探索具有高等职业教育特色的人才培养模式。

专业教学标准开发的基本原则：

（1）以产业发展需求为依据——明确专业定位。

（2）职业能力培养为目标——策划专业教学方案。

（3）以工作任务为线索——开发课程标准。

（4）以典型产品（服务）为载体——设计学习活动。

（5）以职业资格证书为参照——强化技能训练。

3. 专业教学标准开发的主要环节

专业教学标准开发过程主要包括专业发展调研、职业分析、教学分析、培养方案分析等主要环节，具体工作流程如图 4-1 所示。

专业发展调研（专业调研组）

依据首都经济社会发展的实际需要，调研本专业人才需求、职业能力要求、就业现状与趋势、专业办学现状等，最后形成《专业发展调研报告》

⇩

职业分析（职业分析委员会）

分析本职业（岗位）所要求的“职业能力”，即一系列的“工作职责”及其相应的“工作任务”，最后生成《职业分析表》

⇩

教学分析（专业教学专家组）

围绕《职业分析表》，分析和设计一组专业核心课程和专业方向课程。这些“核心课程”和“方向课程”能够基本覆盖《职业分析表》中的“综合能力”及其相应的“专项能力”

⇩

培养方案分析（学术委员会）

由“专业核心课程”和“专业方向课程”即得到了专业教学方案。在此基础上，加上“通用平台”的公共课程，构成了本专业的人才培养方案（教学计划）

图 4-1　专业教学标准开发工作流程

4.2.2　专业发展调研

专业发展调研是专业设置与课程标准开发的一项基础性工作。调研要紧紧依靠行业、企业，其内容包括相应行业的人才结构现状、专业发展趋势、人才需求状况，岗位对知识能力的要求、相应的职业资格、学生就业去向等，从宏观上把握行业、企业的人才需求与高职院校的培养现状，在此基础上确定专业发展思路。

1. 调研工作指导思想

（1）专业发展应当与首都社会经济发展需要相适应。

（2）专业发展应当与首都高等职业教育发展要求相适应。

（3）专业发展应当与科学技术发展的要求相适应。

（4）专业发展应当与学院的“十一五”发展规划要求相适应。

（5）专业设置应当具有前瞻性，研究产业发展、技术进步及职业变迁的新动向和新趋势。

（6）专业设置应当与学院实际相结合，科学规划，合理布局，不断调整和优化专业结构。

2. 调研工作安排

（1）分解任务及安排进程。

（2）准备《调研提纲》、《工作会议提纲》等材料。

（3）开展调研工作

3. 论证工作

（1）调研工作分析与总结，起草《专业发展调研报告》。

（2）学院组织相关人员和行业技术专家对《专业发展调研报告》进行论证，广泛征求产业界专家及教育界专家的意见和建议。

论证要点如下：

① 行业企业对高职人才的需求情况（现状、趋势）；

② 专业对应的工作岗位，对应的职业资格证书；

③ 学校招生、就业情况，目前专业教学存在的主要问题；

④ 专业改革的思路与对策。

4. 审批工作

《专业发展调研报告》通过论证之后，应提交学院学术委员会审议，需获得批准，方可进一步开展专业教学标准和课程标准开发工作。

4.2.3 职业分析

职业分析的目的是对该职业（岗位）上的从业人员的职业能力要求进行分析。“职业能力”是一个结构完整、内涵丰富的概念。所谓结构完整，是指“职业能力”往往呈现“分层结构”的特征；所谓内涵丰富，是指在每一个层面上都有具体、明确的内容。如图 4-2 所示是职业能力的层次结构示意图。

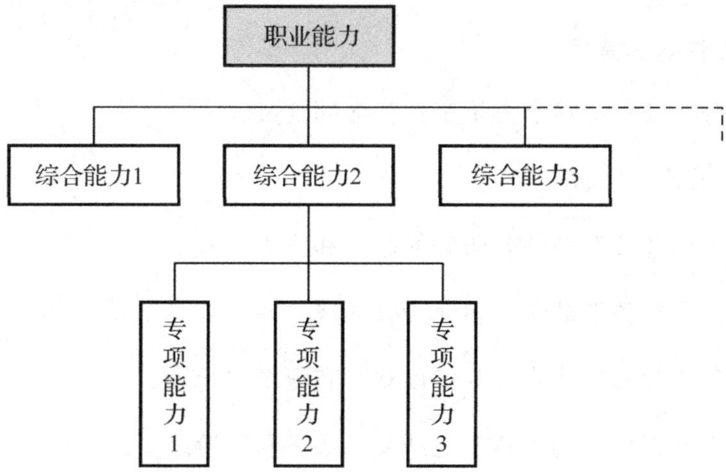

图 4-2　职业能力层次结构示意图

（1）一般而言，职业能力是胜任职业（岗位）所需要的工作技能，通常由一系列的“综合能力”构成。

（2）进一步（自顶向下）分解，每一项综合能力通常又可以表述为一组“专项能力”。

1.《职业分析表》的组成

《职业分析表》由以下三部分组成：

1）名称栏

名称栏即《职业分析表》的标题栏，通常用所分析的职业（岗位）来表示，如“数控机床操作员职业分析表”“机电技术员职业分析表”等。

2）工作职责栏

表的最左侧的一列为“工作职责”栏。某个职业由多少“工作职责”组成，要视具体职业（岗位）而定。

3）工作任务栏

每一栏“工作职责”可自左向右排列其所辖的一组“工作任务”（数量从几个到几十个不等）。

开发《职业分析表》的主要任务包括：

（1）列举出全部的“工作职责”；

（2）针对某一项“工作职责”，给出所有“工作任务”的定义。

2. 关于工作任务的表述

开发《职业分析表》的难点在于工作任务的定义。

1）工作任务的几个特征

（1）每项“工作任务”必须有明确的起点和终点。

（2）每项“工作任务”通常由多个步骤构成。

（3）每项“工作任务”均为一项可以观察和测量的行为。

（4）每项“工作任务”均能够产生产品、服务和决策之类的成果。

（5）每项“工作任务”必须能在短期内独立完成。

2）工作任务的表述

工作任务表述要求采取“动词+对象”的格式，通常不超过 10 个字。如“编写与整理文档”“选择和使用电工仪表”“采集音频与视频信号”等。

“工作任务”的表述必须明确，必须能反映出行业的职责，或实际要做的事情和任务，并且必须是行业能接受的术语。

为了使得“工作任务”的表述能够明确，在表述“工作任务”时不能使用“知道”“了解”“懂得”“熟悉”之类的动词，否则，所描述的工作任务就是非常模糊的。通常采用的动词如下。

（1）操作类。这类动词常见的有操作、采集、配置、标定、使用、挑选等。

（2）程序类。这类动词常见的有排序、连接、制造、调整、准备、安装等。

（3）理会类。这类动词常见的有理会、阅读、摘录、寻找等。

（4）解决问题类。这类动词常见的有计划、设计、排除、估算、计算、选择、布置等。

（5）管理组织类。这类动词常见的有组织、管理、指导、协调、监控等。

3. 职业分析的工作流程

职业分析的主要工作流程如下：

1）成立“职业分析委员会”

针对所分析的职业，从不同企业（工作现场）精心选聘 8～10 位优秀从业人员，作为“职业分析委员会”成员。

“职业分析委员会”成员的基本要求如下：

（1）长期在本职业岗位上从事专职工作；

（2）具备本职业“优秀”级的业务能力；

（3）具备良好的口头表达能力，能准确描述他们所从事的工作；

（4）公正、自信、包容，能够与他人协同工作；

（5）热心公益活动，乐于帮助他人。

在挑选委员会成员时，应注意以下事项：

（1）委员会成员最好来自从不同规模的企业，既有大型企业，也有中小型企业。不同规模的企业，其岗位任务会有一定的区别。

（2）委员会成员绝大多数是一线的技术工人或技术员，个别成员可以是生产一线的管理者。

（3）委员会成员应当性格外向，热心参与，且客观公正。他们既能够做到自己畅所欲言，又能够包容他人的不同意见。

（4）学校组织者要亲临企业与候选人员面谈，选定并诚邀那些适合加入“职业分析委员会”的人选。

2）对“职业分析委员会”进行简短培训

在正式召开会议之前，应对“职业分析委员会”成员进行简短的培训，使其了解职业分析的基本原理和工作方法。此外，要特别提醒委员会成员注意以下事项：

（1）职业分析委员会成员是平等的；

（2）每一位成员均可自由发表意见和主张；

（3）所提的意见和主张，应当是建设性，而不是批评性的；

（4）要相互尊重对方的意见和建议；

（5）工作任务的描述必须用动词开头，表述为一个可见的、可评价的活动；

（6）听从主持人的安排。

3）准备场地和器材

职业分析会议室应做特别布置，会议室里要有一面长度 7～8 米的墙面，足够的长度可以避免职业分析委员会成员在列举工作职责或工作任务时，因墙面太窄而产生意欲结束列举之感。会议室的布置如图 4-3 所示。

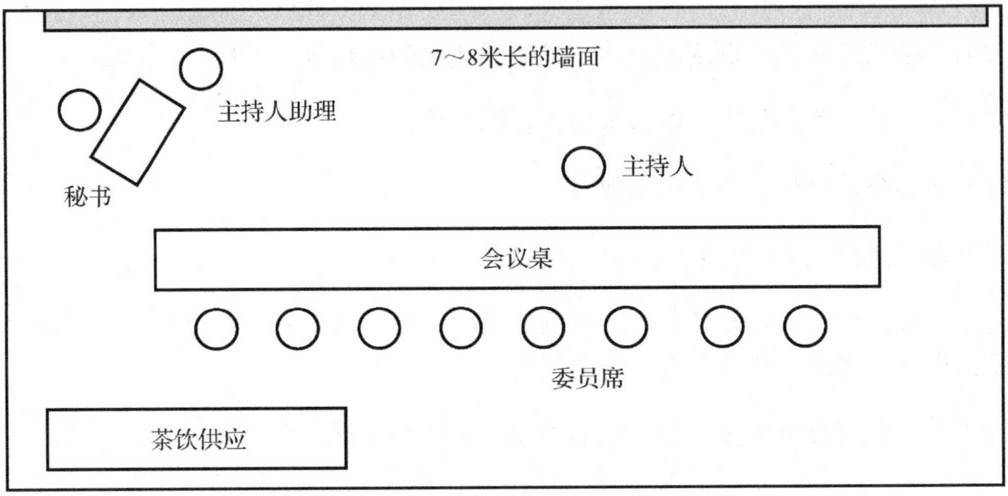

图 4-3　会议室布置示意图

“职业分析委员会”成员面前桌子的主要作用，是防止委员会成员“擅自”来到墙面进行修改（哪怕修改自己发表的意见）。需要修改的内容，由主持人征得全体成员一致同意后才能修改。

“职业分析委员会”成员的发言将记录在卡片上，因此，要准备足够的卡片，用于书写卡片的大小有两种规格，即 200mm×140mm 和 160mm×100mm，分别用于书写“工作职责”和“工作任务”。同时要准备足够的彩色水笔用于书写卡片，准备足够的按钉或磁块将卡片固定在墙面上。

卡片并非由职业分析委员会成员自己书写，而是由会议秘书根据成员的发言意见，在卡片上进行书写，并经本人确认后固定在墙面上。

“职业分析委员会”成员不得将任何教科书或参考资料带入会议室，以免个别缺乏自信心的成员去使用它们。

学校的领导、系主任和教师可以在会议室里“旁观”，或参与一些具体配合工作。但要提醒他们任何时候都不能参与讨论发言，以免干扰职业分析委员会成员的思考和主张。

会议设主持人 1 名，同时安排 1～2 名主持人助理，其主要工作职责是迅速书写卡片并将它们固定在墙面上。有时候，助理可以在主持人和委员会成员之间建立起密切的关系，充当“润滑剂”。

会议现场另外安排 1 名会议秘书，其主要工作职责是记录会议的研讨内容。有时候，主持人助理的卡片书写的节拍不能做到与委员会成员的发言完全同步，会议秘书可以起到缓冲的作用。

秘书文字录入速度要快，会议结束后，秘书应整理并提交全部的发言记录。

4）召开研讨会

“职业分析委员会”成员集中开会，运用“头脑风暴法”，最终生成《职业分析表》。

职业分析通常安排 2～3 天，实际上工作时间的长短取决于主持人的工作方法、委员会成员的工作习惯，以及被分析职业的复杂程度。

研讨会应特别注意以下事项：

（1）主持人要准确把握时间进程；

（2）时间的安排要具有一定灵活性；

（3）设法保持全体委员的工作热情，尽量避免对工作的干扰。

典型的时间安排如下（以半天为一个单元）：

第一单元，前半程，主持人向全体成员说明职业分析的任务和工作方法，并回答成员提出的问题。后半程，委员会应当列举出 1～2 条“工作职责”，并就已经列出的工作职责取得一致意见。

第二单元，更加广泛地讨论和列举新的工作职责，这个过程中，可以允许委员会成员就已经列出的工作职责，开始对其相应的工作任务进行定义。本单元结束前，应初步完成工作职责的分析，并在委员会中取得一致意见。

第三单元，在前一单元的基础上，开始对列举出的“工作职责”所对应的“工作任务”进行定义。这个过程中，可以允许委员会成员补充新的工作职责，或将工作职责调整为工作任务。本单元结束前，应初步完成工作任务的定义工作。

第四单元，回顾和重组《职业分析表》，以确认是否遗漏“工作职责”或“工作任务”，开发出的《职业分析表》还可以反复调整（拓展或精简）。要尽最大努力保证《职业分析表》具有逻辑性，且表达准确、清晰明了，涉及的专业术语应做到准确规范。

4.2.4 教学分析

教学分析的目的，简单地说，就是要把职业分析的结果（即《职业分析表》）转化为专业课程，并形成具有清晰的逻辑链路的专业课程结构。

教学分析是一项非常复杂的任务。为此，应组织专门人员如专业带头人、课程专家和骨干教师等，成立"专业教学专家组"，全面开展教学分析工作。

1. 整理《职业分析表》

在职业分析中，"工作职责"实际上就是对从事本岗位工作的员工的"综合能力"要求，而"工作任务"则是对"专项能力"的要求。也就是说，《职业分析表》中的工作职责对应于综合能力，而工作任务对应于专项能力。因此，教学分析的目的，就是根据《职业分析表》，明确本职业岗位的"综合能力"要求和"专项能力"要求。

1）"专项能力"的排序

专项能力的排序如表 4-1 所示。

表 4-1 专项能力的排序

专　项	1	2	3	4	5	6	7	8	……
A	A1	A2	A3	A4	A5	A6	A7	A8	
B	B1	B2	B3	B4	B5	B6	B7	B8	
C	C1	C2	C3	C4	C5	C6	C7	C8	
D	D1	D2	D3	D4	D5	D6	D7	D8	
E	E1	E2	E3	E4	E5	E6	E7	E8	
……									

对于某一综合能力，其相应的专项能力的数目可能很多，往往显得非常杂乱，因此，有必要对其进行归类排序。排序的基本原则如下：

（1）从简单专项能力到复杂专项能力；

（2）从认知型专项能力到操作型专项能力；

（3）从理解型专项能力到应用型专项能力。

在归类排序时，还应考虑该工作任务出现的频度，在实际工作岗位上，该任务是每天出现，还是每周出现，或每月出现？如果是每天出现，那么，每天出现多少次？使用频度越高的专项能力，应当排在越靠前的位置。

最后，将归类排序后的“专项能力”进行编号，编号规则如表 4-1 所示。

2）“专项能力”的解析

专项能力解析举例如表 4-2 所示。

表 4-2　专项能力解析举例

职业——电气设备维修员

综合能力——D 执行电气设备安全规程

专项能力——D5 检查电气设备接地措施

专项能力解析

步　骤	工　具	知　识	素质/态度	考核标准
① 准备工作 ② 实地操作 ③ 判断结果	兆欧表 万用表 电桥 螺丝刀 防护工具	电路基本定律 测量原理 安全技术 接线工艺	认真、细致 严守工艺规程 保持环境整洁	① 能在 10 分钟内正确选择工具，并做好仪器校正，达到精度标准。 ② 能在 10 分钟内正确使用工具仪器测量绝缘电阻，并判断是否符合安全标准

一般而言，专项能力（工作任务）的定义本身依然较为抽象，仅仅依据专项能力定义是难以进行课程开发的。因此，对于具体的一项专项能力（工作任务），必须进行更加深入的解析。专项能力（工作任务）解析的主要内容如下。

（1）步骤解析。每一项工作任务都是一个完整的过程，有起点和终点，有具体的工作步骤。

（2）工具准备。列出完成该工作任务所需的工具、材料、器材、设施等。

（3）知识准备。指出完成该工作任务所需的相关知识，如数学、语言、社会、历史，以及专业基础知识等。

（4）素质/态度要求。提出完成该工作任务所需的思想品德、工作态度、个人管理、团队工作、安全意识等方面的素质要求。

（5）考核标准。明确提出具体的、直观的、易测的考核标准，且该标准应与产业界的标准相一致。

3）“专项能力”的分级

需要特别指出的是，由于《职业分析表》中的“专项能力”的定义本身依然较为抽象，因此，在教学分析阶段，还必须对每一项技能的掌握程度要求加以评估，并确定其具体等级要求。一般建议采用“四等级法”进行评估，专项能力的分级如表 4-3 所示。

表 4-3　专项能力的分级

等级	说明
4	甲　能熟练运用该项技能，并能够指导他人
	乙　能熟练运用该项技能，并能针对特殊情况采取应变措施
	丙　能熟练运用该项技能
3	能够不依赖他人指导和帮助，独立地运用该项技能
2	在他人定期指导下运用该项技能
1	只能部分运用该项技能，在他人帮助下才能完整运用该项技能

不同人员对专项能力的掌握程度是大不相同的，具体如图 4-4 所示。

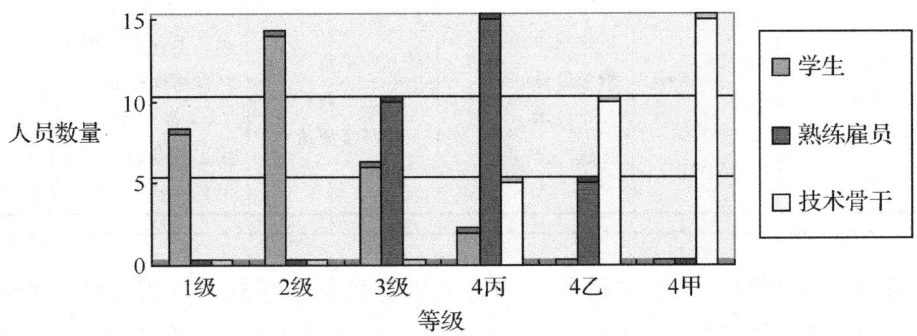

图 4-4　不同人员的技能掌握程度

2. 构建专业课程

1）“专项能力簇”的整合

教学分析的目的，就是对《职业分析表》中的“专项能力”进行分析研究，将若干“专项能力”整合在一起，形成一系列的“专项能力簇”，对应于每个“专项能力簇”可以构建一门专业课程。

“专项能力”整合情况（专项能力簇）应填入一览表，课程与能力簇对应表 1，如表 4-4 所示。

表 4-4　课程与能力簇对应表 1

序　号	课程编号	专项能力簇（用专项能力编号表示）
1	课程 01	A1，A2，A3，A4，A5，A7，A8，B1，B2
2	课程 02	A9，A10，A11，A12，E4，E5，E6，E7，E8
3	课程 03	B12

续表

序　　号	课程编号	专项能力簇（用专项能力编号表示）
4	课程 04	B3，B4，B5，B6，B7，B8，B9，D1，D2，D3
5	……	……

整合的基本原则如下。

（1）相关性原则。即把“专项能力”关联程度比较高的合并在一起，应更多地关注“专项能力”之间的相关性，而非知识之间的相关性。

（2）同级性原则。即所合并的“专项能力”应当处于同一个层级上。

从职业分析到教学分析，应遵循有利于学生职业能力培养和有利于实施教学的原则。“专项能力”与课程并不要求一一对应，一般可先将能单独成为一门课程的“专项能力”挑选出来，然后再将其他“专项能力”整合成若干课程。

2）专业课程的分类

通过教学分析，可以将“专项能力（工作任务）”转变为一系列专业课程。这种转变过程是一个渐进的过程，需要经过反复的重组与调整。

在这个过程中，建议对已经生成的专业课程进行审视，并粗略地将它们分成两大类，第一类专业课程，它们之间存在明显的逻辑链路关系，且其对应的“专项能力”也往往占据更加核心的地位；第二类专业课程，它们之间并没有形成清晰的逻辑链路，它们与第一类专业课程之间也呈松散关系。通常情况下，将第一类专业课程称为“专业核心课程”，将第二类专业课程称为“专业方向课程”。

专业核心课程，就是为了满足本专业所面向的职业岗位的核心专项能力的要求而开设的专业课程。核心课程是教学计划中最为关键的课程，核心课程的开发是专业人才培养方案开发的核心工作。专业核心课程之间具有非常清晰的逻辑链路。如图 4-5 所示为专业核心课程的逻辑链路。

图 4-5　专业核心课程的逻辑链路

专业方向课程可能不像专业核心课程那么重要，也可能没有核心技术课程那么清晰的逻辑链路。但其职业特征很明显：或技能性很强，或是核心课程的拓展。

3）教学分析的结果

（1）教学分析的结果是一系列“专业核心课程”，以及一组“专业方向课程”。这一系列“专业核心课程”之间由于具有非常清晰的逻辑链路，因此，可以绘制出其逻辑链路示意图。

（2）专业核心课程和专业方向课程应涵盖国家（行业）颁布的相应职业标准的考核要求。

（3）将“课程编号”转变为课程名称，得到专业课程列表（见表 4-5）。专业课程名称一般按照“名词+动词”的格式来表述，如“数控机床维修”“软件项目开发”。

表 4-5　课程与能力簇对应表 2

序　号	课程类型	课程名称	专项能力编号

从“专项能力”转换到课程的工作主要由专业带头人和资深专业教师组成的“教学分析委员会”来承担。专业核心课程体系（草案）形成之后，应向行业专家和企业技术人员（如职业分析委员会）征询意见，再对专业核心课程体系草案进行修改，如此往复数次或数十次，直到核心课程方案定稿。

4.2.5　培养方案分析

教学分析的输出成果为专业课程列表，其中的关键是专业核心课程体系的构建。因此，通过教学分析，最终获得了专业课程体系结构。然而，仅仅构建专业课程结构，尚不能称为完整的专业人才培养方案。

按照 GPTC 的要求，各专业的人才培养方案，除专业课程教学之外，还必须包含“通用平台”的教育教学内容。将专业课程结构与“通用平台”进行整合，便得到了完整的专业人才培养方案。这个环节就是“培养方案分析”。

在专业教学计划中，课程通常可分为支撑性课程、专业核心课程和专业方向课程三大类。

专业核心课程和专业方向课程的概念前面已做介绍。所谓支撑性课程，就是为核心课程的顺利实施提供支撑作用的课程。它们通常是基础性的课程，面向学生的思想素质、人文素质、科学思维、身心健康、职业沟通、职业生涯发展等方面的通用能力（或称为跨职业能力）的培养，主要是北京信息职业技术学院 “通用平台”中的公共课程。支撑性课程开发是课程系列化、结构化的重要工作。支撑性课程开发工作就是在已经形成的课程链路逻辑（核心课程）的基础上，从教育规律出发，以学生为中心，设置系列化的支撑性的课程，为实现本专业的人才培养目标创造条件。支撑性课程开发工作的具体要求和实施规程参见《“通用平台”建设方案》。

培养方案分析的主体为学院的学术委员会。

4.2.6　专业发展调研报告参考体例

题目：××专业发展调研报告

参考提纲如下。

1．调研工作的背景与基本思路

2．××专业人才需求调研

说明：

既要有数据，又要有分析。

（1）××产业发展现状与趋势。

（2）××产业高职专业毕业生对应的职业岗位分析。

分析××专业对应的职业岗位名称和基本内涵，以及用人规格的基本要求等。

（3）××产业相关从业人员基本情况与变化趋势。

从业人员的基本情况包括数量规模，技术等级水平，年龄、学历分布结构，工资收入水平等。

变化趋势包括未来需求趋势，以及对学历与职业资格证书的要求等。

（4）××专业对应的职业资格证书分析。

列出××专业社会通用的职业资格证书；分析确定社会认可度高、对学生就业帮助大的证书；阐述这些职业资格证书与专业方向和职业岗位之间的对应关系。

3．××专业现状调研

说明：

（1）北京市高职××专业点分布情况。

（2）北京市高职××专业招生与就业岗位分布情况。

统计该专业近三年来在校生数和招生数，以及近三年来该专业毕业生就业的岗位分布情况。

（3）北京市高职××专业教学情况及存在的主要问题。

包括课程设置、教学模式、实训实习、教师队伍、取证情况等。

4．××专业教学改革建议

说明：

（1）××专业培养目标调整定位建议。

根据调研分析，明确专业培养目标定位。

（2）××专业课程设置的原则建议。

包括对课程体系结构及具体课程设置提出建议。

（3）××专业教学改革建议。

包括教学模式改革、考核方式改革、加强能力训练等方面的具体建议。

（4）××专业师资与实训条件配置建议。

主要对教师的能力要求、职业资格和实训场地、设备提出建议。

4.2.7 专业教学标准参考体例

一、专业名称

说明：使用规范名称。

二、招生对象与学制

高中毕业或中职毕业生，三年（或两年）。

三、培养目标

参考样例（以“电子信息工程技术”专业为例）：

本专业面向电子信息产业的制造、服务类企业及与电子信息技术有关岗位，培养思想品德优秀、身体健康灵活、心理素质良好、专业知识扎实、技能精准熟练的，能够在第一线从事电子产品装配、制造、维修及电子产品辅助设计相关职业的高技能人才。

四、职业范围

序号	专业领域或方向	典型（职业）岗位	职业资格证书（名称、等级）
1			
2			
3			
……			

五、毕业生规格

本专业毕业生应具备以下素质、知识与能力：

（一）素质要求

（1）

（2）

……

（二）知识要求

（1）

（2）

……

（三）能力要求

（1）

（2）

……

说明：

（1）素质要求：包括思想素质、人文素质、科学思维、身心健康、沟通合作、职业道德等，参见学院制定的《“通用平台”建设方案》。

（2）知识要求：各《专项能力解析表》中的“知识基础”的汇总。

（3）能力要求：《职业分析表》中各项综合能力的汇总。

六、职业分析

（一）职业分析表

说明：给出该专业“职业分析”产生的《职业分析表》，参考格式如下：

××××专业职业分析表

专项能力 综合能力	1	2	3	4	5	6	7	8	……
A	A1	A2	A3	A4	A5	A6	A7	A8	
B	B1	B2	B3	B4	B5	B6	B7	B8	
C	C1	C2	C3	C4	C5	C6	C7	C8	
……									

（二）专项能力解析

说明：给出各“专项能力”的解析表，参考格式如下：

<table>
<tr><td>能力目标</td><td></td><td>编号</td><td></td></tr>
<tr><td>具体描述</td><td colspan="3"></td></tr>
<tr><td colspan="4"></td></tr>
<tr><td rowspan="4">步骤</td><td colspan="3">1.</td></tr>
<tr><td colspan="3">2.</td></tr>
<tr><td colspan="3">3.</td></tr>
<tr><td colspan="3">4.</td></tr>
<tr><td rowspan="3">工具与设备</td><td colspan="3">1.</td></tr>
<tr><td colspan="3">2.</td></tr>
<tr><td colspan="3">3.</td></tr>
<tr><td rowspan="3">知识基础</td><td colspan="3">1.</td></tr>
<tr><td colspan="3">2.</td></tr>
<tr><td colspan="3">3.</td></tr>
<tr><td rowspan="4">态度、素质</td><td colspan="3">1.</td></tr>
<tr><td colspan="3">2.</td></tr>
<tr><td colspan="3">3.</td></tr>
<tr><td colspan="3">4.</td></tr>
</table>

续表

考核标准	1.
	2.
	3.
	4.

七、专业课程设置

序号	课程类型	课程名称	专项能力簇（用专项能力编号表示）	参考学时
1				
2				
3				
……				

八、教学计划表

参考样表如下：

序号	课程类别	课　程　名　称	编码	性质	学分	学时分配			每学期周学时分配					
						理论	实践	小计	一	二	三	四	五	六
	公共必修													
	公共选修	参见公共选修课程列表												
公共课小计														
	专业核心课程													

续表

序号	课程类别	课程名称	编码	性质	学分	学时分配			每学期周学时分配					
						理论	实践	小计	一	二	三	四	五	六
	专业限选课程													
专业课小计														
	专业实习实训													
		毕业设计（实践）												
实习实训小计														
合计														

备注：关于教学计划的若干说明，如专业核心课程的教学模式、“双证书”教学安排、校内外实训实习安排等。

九、专业教师要求

说明：根据专业教学要求，提出专业教师（含实训指导教师）应具备的任职资格，具体要求包括专业、学历、技术职称、工作态度、实践能力等方面。

十、校内实训基地要求

序号	技术中心名称	实训室名称	实训项目名称	主要设备要求

续表

序号	技术中心名称	实训室名称	实训项目名称	主要设备要求
……				

备注：关于校内实训基地的若干说明。

十一、校外实训基地要求

说明：提出本专业所需的校外实训基地，明确实训项目、实习内容、实训进程安排等方面的要求。

4.3　课程标准开发过程

《现代学徒制专业教学标准和课程标准开发指南》和《现代学徒制专业教学标准和课程标准开发指南》中对专业教学标准和课程标准的开发思想和开发方法、专业教学标准编制和课程标准的编制给出了详细的开发方案和过程指导。在课程标准的开发中，仍然采用与北京信息职业技术学院专业教学标准开发相配套的课程标准开发方法，并在此基础上吸收 OBE 成果导向的一些成功的经验，似的对课程的学习成果和考核更加明确。下面就具体介绍用于北京信息职业技术学院现代学徒制试点专业专业教学标准的开发方法。

4.3.1　课程标准的开发与考核

1. 课程标准的功用

《课程标准》是用于规范课程策划、课程建设、课程教学及课程评价的法规性文件。《课程标准》的功用在于，清晰定义课程教学目标，全面阐述课程教学内容与要求，明确提出本课程的考核目标，系统规划本课程的教学模式和考核方式，具体给出各项教学文件（如项目任务书、教学案例集、讲义、实训指导书等）的开发思路，给出教学资源使用的意见和建议。

2. GPTC 课程的分类

按照 GPTC 课程模式的基本架构，专业教学计划中的课程主要分为两大类，即公共课与专业课，如表 4-6 所示；其中，公共课又可分为公共必修课和公共选修课，专业课又可分为专业核心课和专业限选课。

表 4-6　课程主要分类

<table>
<tr><th colspan="2">课程类别</th><th>基本功能</th><th>课程设置的依据</th></tr>
<tr><td rowspan="2">公共课程</td><td>公共必修课</td><td rowspan="2">通用平台
素质教育</td><td rowspan="2">教育行政主管部门的规定
通用平台素质教育方案</td></tr>
<tr><td>公共选修课</td></tr>
<tr><td rowspan="2">专业课程</td><td>专业核心课</td><td>核心职业能力培养</td><td>遵循“职业分析—教学分析—核心课程”课程开发逻辑</td></tr>
<tr><td>专业限选课</td><td>专业方向的延伸与拓展</td><td>专业调研、新技术追踪、课程研讨</td></tr>
</table>

3. TC 课程

专业核心课程是专业课中最为关键、最为重要的课程。“核心课程”是为满足“核心职业能力”的培养而设置的课程，故此命名为“核心课程”。

核心课程的来源是非常独特的，它们既不是由教育行政主管部门安排下来的（如某些公共课程），也不是由专业带头人和课程专家研究产生的。从严格意义上讲，核心课程是基于职业分析的课程开发的产物，是依照“职业分析”—“教学分析”—“核心课程”的路径获得的“生成物”。核心课程开发路径如图 4-6 所示。

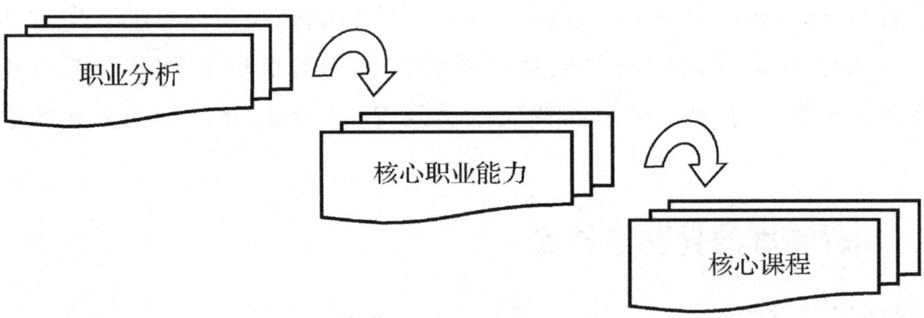

图 4-6　核心课程开发路径

在 GPTC 课程模式下，核心课程也称为 TC 课程——基于“技术中心”环境的核心课程。TC 课程以职业能力为目标，依托技术中心开展教学，最终实现核心职业能力的培养。TC 课程基本特征如图 4-7 所示。

4. 各类课程的《课程标准》开发说明

由于 TC 课程所处的特殊地位，这里首先介绍 TC 课程标准开发方法。在此基础上，将给出专业限选课程和公共课程（统称非 TC 课程）的课程标准开发建议。

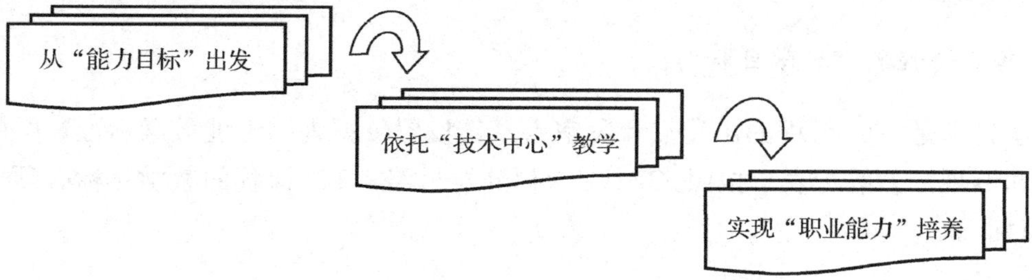

图 4-7　TC 课程基本特征

TC 课程与非 TC 课程的课程标准区别不大，主要的区别在于，TC 课程开发应进行能力解析并编制《能力解析表》，而非 TC 课程则可略去此环节，这是因为非 TC 课程的能力目标可能并非源自《职业分析表》，因而无法进行能力解析。

当然，如果部分专业限选课程的教学目标也来源于《职业分析表》，则这些专业限选课程也应进行能力解析并编制《能力解析表》。在这种情况下，就与 TC 课程标准开发完全一样了。

5. TC 课程标准开发工作流程

TC 课程标准开发的工作流程如图 4-8 所示。

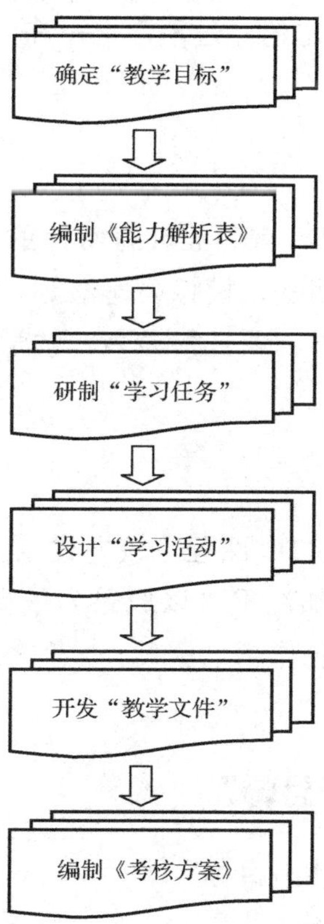

图 4-8　TC 课程标准开发的工作流程

1）确定课程的“教学目标”

教学目标是 TC 课程的出发点和归宿点，其设置依据为《专业教学标准》中的职业分析表和专项能力解析表。按照 GPTC 课程开发思路，TC 课程的教学目标必须表述为“能力目标”。

2）编制《能力解析表》

TC 课程的教学目标就是“能力目标”。为方便后续的“学习任务”研制等工作，建议在明确“能力目标”的基础上，编制详细的《能力目标解析表》。

3）研制“学习任务”

TC 课程的“能力目标”对应于具体的“工作任务”及其“工作过程”。但是，企业工作现场的工作任务，往往并不适合直接用于课程教学。因此，有必要将企业现场的“工作任务”转化为适用于课程教学的“学习任务”。

4）设计“学习活动”

每一项“学习任务”，均须有其实施的载体，这些载体就称为“学习活动”。一组特定的“学习活动”，构成了一个特定的“过程”——在 TC（技术中心）环境下，实现对企业现场的“工作过程”的模拟。

5）开发“教学文件”

“学习活动”的实施，须采用具有职业教育特色的教学方式。常见的教学方式有项目教学法、案例教学法、角色扮演法、模拟公司法等。这些教学方式的运行，依赖于大量的“教学文件”——项目任务书、项目指导书、教学案例集、学习活动方案、模拟公司策划书等。

6）编制“考核方案”

与课程教学模式改革相适应，TC 课程考核方式也发生了重大变革。TC 课程考核更加注重“能力目标”的实现，更加注重“以成果为依据”，更加强调“考核标准”的透明公开，更加强调学生的自我评价作用。因此，“考核方案”在 TC 课程标准中占据着非常重要的地位。

4.3.2 确定课程的“教学目标”

1.“教学目标”的核心是“能力目标”

教学目标是课程的出发点。按照 GPTC 课程开发思路，TC 课程的教学目标必须表述为“能力目标”。

职业能力是在职业活动中掌握、运用知识与技能，并决定活动效率的一种心理特征。能力是知识的外化。

过去，我们习惯从不同角度分别提出“知识目标”“能力目标”和“素质目标”。事实上，对于 TC 课程，“能力目标”是其教学目标的核心。如果“能力目标”表述到位的话，甚至可以取消“知识目标”和“素质目标”，而将它们的内涵体现在“能力目标”之中。也就是说，TC 课程采用“能力目标”来表征教学目标，且“能力目标”包含了对知识、态度、素质等方面的具体要求。

2. “能力目标”的表述方法

如何判断教学目标的表述是否恰当？一般情况下，可从以下两点进行考量：

（1）教学目标必须表征为“能力目标”，而非“知识目标”或“素质目标”。

（2）每一项“能力目标”通常对应于一个完整的“行为过程”，有明确的“起点”和“终点”，可以划分出不同的阶段，可以列出具体的步骤。

如果不能同时满足这两点要求，就意味着该项教学目标的表述有问题，必须进行修改或调整。

具体到某一门课程，它的教学目标到底应该怎样表述呢？现以《可编程控制器技术与应用》为例进行说明。

下面为《可编程控制器技术与应用》原教学大纲中的教学目标表述：

《可编程控制器技术与应用》课程教学目标： 1．了解可编程控制器（PLC）的历史沿革及其在工业控制领域的地位和作用。 2．掌握 PLC 系统组成与工作原理。 3．掌握 PLC 应用系统电气系统安装、检测规范，具备 PLC 控制系统的电气安装能力。 4．熟悉识目前市场主流 PLC 产品，会根据具体的任务要求选择 PLC 的型号、I/O 配置以及可选模块等。 5．能熟练使用松下 PLC 的 FPWIN GR 软件、西门子 PLC 的 SIMATIC Manager Step7 软件的开发环境。 6．能熟练使用主流可编程控制器的指令系统，能编制小型复杂程度的 PLC 控制程序。

7. 能熟练阅读中等复杂程度的梯形图程序。

8. 掌握 PLC 应用系统设计方法，能根据控制要求进行 PLC 控制方案设计、机型选择、外围器件选择、电气连接线路设计。

9. 能根据 PLC 控制线路图完成线路连接，能熟练测量 PLC 线路连接情况。

10. 能正确分析小型 PLC 控制系统的一般故障现象、确定故障部位并排除故障。

11. 学会自主学习，遵守职业道德，具备分析问题和解决问题的能力。

经过仔细分析发现，上述教学目标存在以下问题：

（1）某些教学目标，并非表征为“能力目标”，而是典型的“知识目标”或“素质目标”，如第 1、2、11 项；

（2）某些教学目标，或无法找到其对应的“过程”（如第 3 项）；或虽然能够找到其对应的过程，但该过程并非一个独立、完整的过程，而是若干过程（如第 8 项），或过程的局部（如第 7 项）。

具体修改如下：

删除第 1、2、11 项；第 8 项的内涵已经在第 3、4、5、6 项中得到体现，可删除；修改第 3、4 项，使其更加“过程化”；合并第 7、9 项。

《可编程控制器技术与应用》课程教学目标：

1. 能根据具体的任务要求，在目前市场主流 PLC 产品中，正确、合理地选择 PLC 的型号、I/O 配置及可选模块等。

2. 能依据 PLC 电气系统安装及检测规范，独立完成小型 PLC 系统的电气安装。

3. 能熟练使用松下 PLC 的 FPWIN GR 软件、西门子 PLC 的 SIMATIC Manager Step7 软件的开发环境。

4. 能熟练使用松下和西门子的主流 PLC 的指令系统，并设计小型复杂程度的 PLC 控制程序。

5. 能熟练阅读中等复杂程度的梯形图程序，并根据 PLC 控制线路图完成线路连接，能熟练测量 PLC 线路连接情况。

6. 能正确分析小型 PLC 控制系统的一般故障现象、确定故障部位并排除故障。

3. “能力目标”的基本特征

“能力目标”的基本特征包括：

（1）每一项“能力”均为一项可以观察和测量的行为，对应于一项“工作任务”；

（2）每一项工作任务必须有明确的起点和终点；

（3）每一项工作任务通常由多个步骤构成；

（4）每一项工作任务均能够产生产品、服务和决策之类的成果；

（5）每一项工作任务必须能在短期内独立完成。

4. “能力目标”也可直接来源于《职业分析表》

事实上，对于某一门具体的 TC 课程，其“能力目标”就是《职业分析表》的一系列“专项能力簇”。因此，如果《专业教学标准》开发到位的话，TC 课程的能力目标也就是相关的“专项能力簇”。

4.3.3 编制《能力解析表》

TC 课程的教学目标通常表述为“能力目标”。为方便后续的“学习任务”研制等工作，建议对每一条能力目标进行解析，并编制详细的《能力目标解析表》。

根据“能力目标”的上述基本特征，对其解析的结果，便生成了《能力解析表》。

现以《可编程控制器技术与应用》为例进行说明。如表 4-7 所示为第 4 项教学目标的能力解析。

表 4-7　第 4 项教学目标的能力解析

<table>
<tr><td>能力目标</td><td>能熟练使用松下和西门子的主流 PLC 的指令系统，并编制小型复杂程度的 PLC 控制程序</td><td>编号</td><td>04</td></tr>
<tr><td>具体描述</td><td colspan="3">能够熟练使用松下 FP0/FP1 系列和西门子 S7 300 系列的 PLC 指令系统，根据控制任务的要求，正确完成松下 FP0/FP1 系列和西门子 S7 300 系列 PLC 的电气连接，并设计梯形图，最终编写出完整的控制程序</td></tr>
<tr><td rowspan="4">步骤</td><td colspan="3">1．熟记松下 FP0/FP1 系列、西门子 S7 300 系列 PLC 的指令</td></tr>
<tr><td colspan="3">2．根据控制任务（如交通灯控制），正确完成 PLC 的电气连接</td></tr>
<tr><td colspan="3">3．设计梯形图</td></tr>
<tr><td colspan="3">4．编制 PLC 控制程序</td></tr>
<tr><td rowspan="2">工具与设备</td><td colspan="3">1．松下 FP0/FP1 系列 PLC</td></tr>
<tr><td colspan="3">2．西门子 S7 300 系列的 PLC</td></tr>
</table>

续表

工具与设备	3．“交通灯控制”等项目的实训装置
知识基础	1．PLC 工作原理
	2．松下 FP0/FP1 系列和西门子 S7 300 系列 PLC 指令系统
	3．梯形图设计
态度、素质	1．负责任的态度
	2．有进取心
	3．守规则
	4．有安全意识
考核标准	1．熟记松下 FP0/FP1 系列、西门子 S7 300 系列的基本指令
	2．在 10 分钟内，正确完成“交通灯控制”的 PLC 电气连接
	3．在 10 分钟内，正确设计“交通灯控制”梯形图
	4．在 10 分钟内，完成控制程序的编写

几点说明：

（1）“能力目标”实际上就是一项典型的“工作任务”。

（2）“具体描述”指对该项“工作任务”的详细描述。

（3）“步骤”就是执行该项“工作任务”的具体步骤。

（4）“工具与设备”是指完成该项“工作任务”所需的专用工具和设备。

（5）“知识基础”是指员工胜任该项“工作任务”须具备的知识基础。

（6）“态度、素质”是指员工胜任该项“工作任务”须具备的态度和素质。

（7）“考核标准”是指判断学生能否胜任该项“工作任务”的考核依据。

不难看出，“具体描述”“步骤”和“考核标准”三者之间，具有高度的一致性。

如果《专业教学标准》开发到位的话，该课程的《能力解析表》可以直接来源于相关“专项能力簇”的《能力解析表》。

4.3.4　研制“学习任务”

TC 课程的“能力目标”对应于具体的“工作任务”及其“工作过程”。但是，企业工作现场的工作任务，往往并不适合直接用于课程教学。因此，有必要将企业现场的“工作任务”转化为适用于课程教学的“学习任务”。

在传统的学科性课程体系中，确定一门课程的教学内容，所遵循的原则就是学科逻辑。职业教育课程与之不同，其教学内容并非由学科逻辑生成，而是遵循“职业能力”培养规律，从“能力目标”出发，面向职业岗位，开发出与“工作任务”相对应的“学习任务”。

“学习任务”的研制过程如图 4-9 所示。

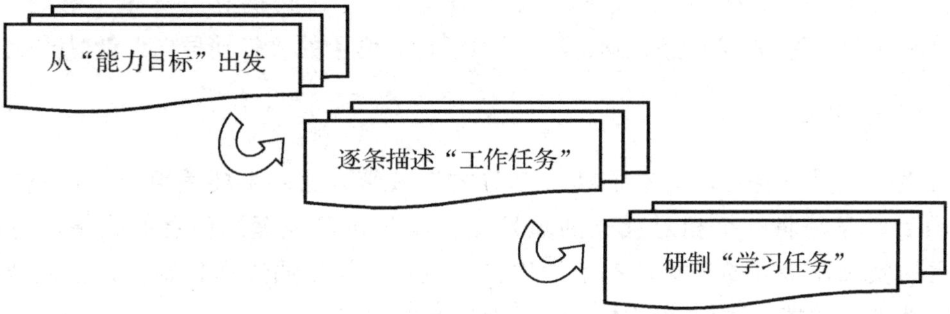

图 4-9　“学习任务”的研制过程

1）从“能力目标”出发

“学习任务”的出发点是课程“能力目标”（可参见《能力解析表》），也就是与“专项能力”相对应的典型“工作任务”。

2）详细描述“工作任务”

通过具体地描述典型“工作任务”，使“工作任务”逐条清晰地呈现出来。

3）研制“学习任务”

以典型工作任务为引领，依据高等职业教育的教学规律，精心研制相应的“学习任务”。

4.3.5　设计“学习活动”

每一项“学习任务”，均须有其实施的载体，这些载体就称为“学习活动”。一组特定的“学习活动”，构成了一个特定的“过程”——在 TC（技术中心）环境下，也就是对企业现场的“工作过程”的模拟。

首先，将每一项学习任务分解为若干学习活动；然后，为每一项学习活动确定活动目标，设计活动内容、活动方式及效果评价等。

1. “行动导向”教学法

TC 课程多在 TC（技术中心）环境下实施教学，通过精心设计的一组“学习活动”，面向“工作过程行为”，实现对企业现场的“工作过程”的模拟。因此，“学习活动”设计的难点和重点，一是“活动”内容的仿真性，即“活动”内容应具备真实的工程背景；二是“活动”方式的实践性，即采用“行动导向”的教学方法。

“行动导向”也称为“实践导向”或“行为导向”，它倡导“学重于教”“在做中学”的教学理念，强调以学生为中心设计学习活动。常用的“行动导向”教学方法如下。

1）项目教学法

项目教学法是一种比较理想的“行动导向”教学方法，主要适用于工程类专业 TC 课程。项目教学法将一个相对独立的项目交由学生自己处理。信息的收集、方案的设计、项目的实施及最终的评价，都由学生自己负责。学生通过项目制作，自主地学习知识，独立地训练技能，进而达到本课程能力目标的要求。

2）案例教学法

在案例教学法中，学生结合自身经验（直接或间接经验），通过案例分析与研究，学习知识、锻炼思维、丰富经验，达到本课程的知识学习、知识运用，以及能力培养的目的。学习的过程贯穿于整个案例分析过程中，学生运用所学知识寻找解决问题的途径和手段，从而培养学生独立分析问题与解决问题的能力。

3）模拟公司法

模拟公司法是在一种模拟的情境或环境里学习某职业所需的知识、技能和能力。模拟训练给人一种身临其境的感觉，更重要的是提供了许多重复的机会和随时进行过程评价的可能性。如软件类专业、经济类专业便可通过模拟公司或模拟办公室，开展 TC 课程教学。

4）角色扮演法

通过不同角色的扮演，一方面使学生体验自身角色的人格特征和行为规则，另一方面也通过观察对方角色的心理活动，使学生体验角色认同或角色冲突等的情感变化，从而加深对现实社会中各种角色的“地位”与“行为”关系的认识。角色扮演法安排的“活动”可大可小，有时也作为调动学生的情绪和学习积极性的一种手段。

2. “项目教学法”的基本要点

针对北京信息职业技术学院的实际情况，在工科专业的课程中大力倡导运用项目教学法。

1）项目教学的基本特征

（1）以“工作任务”为依托。项目教学以教学项目的方式对教学内容进行整合，围绕学习任务设计出一个（或一系列）学习环境及其活动。教学项目往往是从典型的职业工作任务中开发出来的，按照工作过程逻辑建构教学内容，突破了传统的学科界限。

（2）以学生为中心。项目教学改变了以往学生被动接受的学习方式，创造条件让学生能积极主动地去探索和尝试。在项目教学中，学生参与信息收集、方案制订、项目实施、信息反馈、成果评价的整个过程的每个环节，成为活动的中心。

（3）以成果为依据。通过项目教学，学生收获了专业知识、职业技能和职业态度等，这些收获体现在具体的项目成果之中，如项目报告、项目作品（硬件或软件的制作品）等。教师应以这些成果作为评价学生课程成绩的主要依据。

2）项目教学的构成要素

项目教学主要由内容、活动、情境和结果四大要素构成。

（1）内容。项目教学是面向真实工作岗位挖掘课程资源，其主要内容来自于真实的工作情景中的典型工作任务，项目内容应该与企业实际生产过程或现实商业活动有直接的关系，而不是简单地对学科知识的学习与验证。

（2）活动。项目教学的活动主要指学生采用一定的工作方法和工具设备完成一项具体工作任务的探究行动。在项目教学中，学生不是在教室里被动地接受知识，而是着重于实践，在完成任务的过程中收获知识、技能和态度。

（3）情境。情境是指支持学生进行探究学习的环境，这种环境可以是真实的工作环境，也可以是“仿真”的工作环境。情境有利于学生掌握专业实践知识与工作方法、知识，因为专业实践知识与工作方法知识的掌握依赖于工作情景的再现。

（4）结果。结果是指在学习过程中或学习结束时，学生通过探究行动所学会的专业知识、职业技能和职业态度等。

4.3.6　开发“教学文件”

基于技术中心综合教学环境的核心课程在实施过程中，须采用具有高职教育特色的教学方式，如“行动导向”教学方法，具体包括项目教学法、案例教学法、模拟公司法、角色扮演法等。这些教学方法的运行，依赖于大量的指导性教学文件和实施性教学文件。

常用的实施性教学文件有《课程总体设计方案》《学习任务设计方案》和《学习活动设计方案》等，下面介绍其编制要点。

1.《课程总体设计方案》编制要点

（1）课程内容（学习任务）描述；

（2）课程教学目标（能力目标）；

（3）学习成果要求；

（4）考核方案；

（5）教学组织要求；

（6）前后课程关系说明。

《课程总体设计方案》参考样式如表 4-8 所示。

表 4-8 《课程总体设计方案》参考样式

课程总体设计方案			
专业名称		专业代码	
课程名称		课程编号	
适用班级		学时	
课程内容（典型任务）描述：			
课程教学目标（能力目标）：			
学习成果要求：			
考核方案：			
教学组织要求：			

续表

前后课程关系说明：
其他：

附：

学习任务与学习活动一览表

序号	日期	学习任务	学习活动	学时
……				

2.《学习任务设计方案》编制要点

（1）学习任务以及背景情况；

（2）能力目标；

（3）完成该项目所需专业知识、学习环境、专业工作方法等；

（4）学习成果要求；

（5）考核标准；

（6）教学组织。

《学习任务设计方案》参考样式如表 4-9 所示。

表 4-9 《学习任务设计方案》参考样式

<table>
<tr><td colspan="4">学习任务设计方案</td></tr>
<tr><td>课程名称</td><td></td><td>课程编号</td><td></td></tr>
<tr><td>任务名称</td><td></td><td>任务编号</td><td></td></tr>
<tr><td>适用班级</td><td></td><td>学时</td><td></td></tr>
<tr><td colspan="4">学习内容：</td></tr>
<tr><td colspan="4">能力目标：</td></tr>
<tr><td colspan="4">专业知识：</td></tr>
<tr><td colspan="4">学习环境：</td></tr>
<tr><td colspan="4">专业工作方法：</td></tr>
<tr><td colspan="4">学习成果要求：</td></tr>
<tr><td colspan="4">评价标准：</td></tr>
<tr><td colspan="4">教学组织：</td></tr>
</table>

3.《学习活动设计方案》编制要点

（1）学习内容；

（2）能力目标；

（3）评价标准；

（4）学习成果要求；

（5）教学设计与教学组织；

（6）教学地点、教学设施、参考资料、作业等。

《学习活动设计方案》参考样式如表 4-10 所示。

表 4-10 《学习活动设计方案》参考样式

<table>
<tr><td colspan="4">学习活动设计方案</td></tr>
<tr><td>课程名称</td><td></td><td>课程编号</td><td></td></tr>
<tr><td>任务名称</td><td></td><td>任务编号</td><td></td></tr>
<tr><td>学习活动</td><td></td><td>活动编号</td><td></td></tr>
<tr><td>适用班级</td><td></td><td>学时</td><td></td></tr>
<tr><td colspan="2">学习内容：</td><td colspan="2">学习成果：</td></tr>
<tr><td colspan="2">学习目标：</td><td colspan="2">评价方案与评分标准：</td></tr>
<tr><td colspan="2">教学设计：</td><td colspan="2">教学组织：</td></tr>
<tr><td colspan="2">教学地点：</td><td colspan="2">教学设备：</td></tr>
<tr><td colspan="2">教学及参考资料：</td><td colspan="2">作业：</td></tr>
</table>

4.3.7 编制“考核方案”

与课程教学模式改革相适应，TC 课程考核方式也发生了重大变革。TC 课程考核更加注重“能力目标”的实现，更加注重“以成果为依据”，更加强调“考核标准”的透明公开，更加强调学生的自我评价作用。因此，“考核方案”在 TC 课程标准中占据着非常重要的地位。

编制《考核方案》要点如下。

1）能力目标

即本课程的教学目标。

2）考核标准

参见《能力解析表》。

3）考核方式

与所采用的教学方法（讲授、实验、项目制作、案例分析等）相对应。

4）成果依据

以学生的学习成果为依据，如活动表现、实际操作、实验报告、项目报告、调研报告、笔试成绩、答辩成绩等。

5）总评办法

各项评价综合在一起，按照不同的权重，计算总评成绩。

4.3.8 核心课程标准参考体例

核心课程标准参考体例

学分：________

参考学时：________

一、课程概述

说明：

简述本课程的性质及其设计思路：

1．课程性质主要包括该门课程的地位、功能及其与其他课程的关系等。

2．设计思路指本课程标准的设计思路，主要包括本课程设置的依据、课程内容确定的依据、学习任务的基本架构、活动设计的基本思路，以及“行为导向”或“任务驱动”教学方法的使用等。

二、课程目标

说明：

教学目标是课程的出发点，是《教学大纲》的重要内容。按照 GPTC 课程开发思路，核心课程的教学目标必须表述为“能力目标”。

三、能力解析表

<table>
<tr><td>能力目标</td><td></td><td>编号</td><td></td></tr>
<tr><td>具体描述</td><td colspan="3"></td></tr>
<tr><td rowspan="3">步骤</td><td colspan="3">1.</td></tr>
<tr><td colspan="3">2.</td></tr>
<tr><td colspan="3">3.</td></tr>
<tr><td rowspan="3">工具与设备</td><td colspan="3">1.</td></tr>
<tr><td colspan="3">2.</td></tr>
<tr><td colspan="3">3.</td></tr>
<tr><td rowspan="3">知识基础</td><td colspan="3">1.</td></tr>
<tr><td colspan="3">2.</td></tr>
<tr><td colspan="3">3.</td></tr>
<tr><td rowspan="3">态度、素质</td><td colspan="3">1.</td></tr>
<tr><td colspan="3">2.</td></tr>
<tr><td colspan="3">3.</td></tr>
<tr><td rowspan="3">考核标准</td><td colspan="3">1.</td></tr>
<tr><td colspan="3">2.</td></tr>
<tr><td colspan="3">3.</td></tr>
</table>

（能力解析表的数量取决于能力目标的数量）

四、课程内容

1．基本框架

<table>
<tr><th>序号</th><th>学习任务</th><th>学习活动</th><th>教学方法</th><th>参考学时</th></tr>
<tr><td rowspan="3">1</td><td rowspan="3"></td><td></td><td></td><td></td></tr>
<tr><td></td><td></td><td></td></tr>
<tr><td></td><td></td><td></td></tr>
<tr><td rowspan="4">2</td><td rowspan="4"></td><td></td><td></td><td></td></tr>
<tr><td></td><td></td><td></td></tr>
<tr><td></td><td></td><td></td></tr>
<tr><td></td><td></td><td></td></tr>
<tr><td>……</td><td></td><td></td><td></td><td></td></tr>
</table>

说明：

①“学习任务”是根据“教学目标”及其涵盖“工作任务”要求，精心研制出来的。

② 每一项“学习任务”，均须有其实施的载体，这些载体就称为“学习活动”。一组特定的“活动”，构成了一个特定的“过程”——在技术中心环境下，“活动”的设计以典型产品或服务为依托，也是对企业现场的“工作过程”的模拟。

③ 与“活动”对应的教学方法有讲授、实验、分组讨论、项目制作、案例分析、角色扮演等。

2．主要内容与要求

说明：

每一项学习任务均包含明确的内容和要求，要求表述是非常清晰、具体的，反映学生的学习成果而非教师的授课行为。

五、考核方案

序号	课程目标（编号）	考核标准	考核方式	证据材料
1				
2				
……				

说明：

（1）每一项课程目标应列举出相应的考核标准，考核标准必须是可测量的、便于评分定等的。

（2）“任务驱动型”课程的考核方式应与其教学模式相一致。常见的考核方式有项目制作、案例分析、社会实践、现场操作、笔试、口试等，其相应的证据材料有项目报告、案例分析报告、调研报告或论文、操作记录、试卷、考试记录等。

六、教学文件开发意见

1．教材选用/讲义编写意见

续表

2. 项目任务书、案例教学方案、实训指导书、课堂活动方案等教学文件的开发思路与意见
3. 学习指南、学习包、课件等的开发思路与意见

说明：

结合本课程的实际情况，就具体的教学方法提出意见；就配套使用的《项目任务书》《案例教学方案》《实训指导书》《课堂活动方案》《讲义》《学习指南》及学习包的开发编写等工作，提出意见与建议。

七、教学资源使用建议

1. 教学设施资源使用建议
2. 教学文件资源使用建议

说明：

给出本课程的设施资源（如教室、实验室、实训室、图书馆等）的使用建议，以及配套的《项目任务书》《案例教学方案》《实训指导书》《课堂活动方案》《讲义》《学习指南》及学习包等教学资源的使用意见。

4.4 典型工作和成果举例

4.4.1 召开实践专家研讨会，分析岗位特征，共同制定了学徒的核心职业能力

核心职业能力是制定专业教学标准（人才培养方案）的主要依据，通过组织燕东微电子的工程师、一线的技术人员、生产管理者等人员召开实践专家研讨会，经过实践专家和专业带头人的反复凝练，确定了微电子技术专业专业的核心职业能力，如表 4-11 所示。

表 4-11　微电子技术专业专业核心职业能力

综合技能 \ 专项技能		1	2	3	4	5	6	7
A	半导体器件版图设计能力	A1 能运用电路基本定律分析和计算电路参数	A2 能读懂电路原理图，对照实际电路绘制电路原理图	A3 能正确识别、检测和选用电子元器件，按照原理图进行实用电路的安装	A4 能利用半导体基本知识对器件的结构进行分析	A5 熟练使用电子测量仪器进行调试、分析并排除简单故障	A6 能利用半导体设计软件设计集成电路功能框图	A7 能利用 L_edit 软件进行半导体器件版图设计
B	半导体器件制造工艺实施能力	B1 能选择合适的药液操作清洗设备，按照工艺要求完成半导体器件的清洗	B2 能操作扩散炉按照工艺要求完成半导体器件的氧化与扩散	B3 能操作光刻机、刻蚀机，按照工艺要求完成半导体器件的光刻与刻蚀	B4 能操作溅射或蒸发设备，按照工艺要求完成半导体器件的 PVD	B5 能操作 PECVD 设备按照工艺要求完成金属膜生长	B6 能操作磨片机把芯片厚度调整到满足封装工艺要求	B7 能操作划片机把晶元片分离成单独的管芯
C	半导体器件封装与测试能力	C1 能操作自动粘片机把管芯粘到框架	C2 能操作自动键合机完成半导体器件引线连接	C3 能操作包封机用包封材料进行半导体器件包封	C4 能设置操作测试机完成晶元测试与成品测试	C5 能正确撰写测试报告		

4.4.2 共同开发“以典型工艺为载体”的工学结合 GPTC 人才培养模式课程体系

由利益最大相关方联合开发了微电子技术专业的人才培养模式，确定了基于“以典型工艺过程为载体”的工学结合 GPTC 人才培养模式。

基于微电子技术专业的特点，主体采用“先学后训”模式，微电子技术专业专业现代学徒制人才培养模式课程体系如图 4-10 所示。基于该课程体系完成了微电子技术专业专业的人才培养方案的制订，如图 4-11 所示。

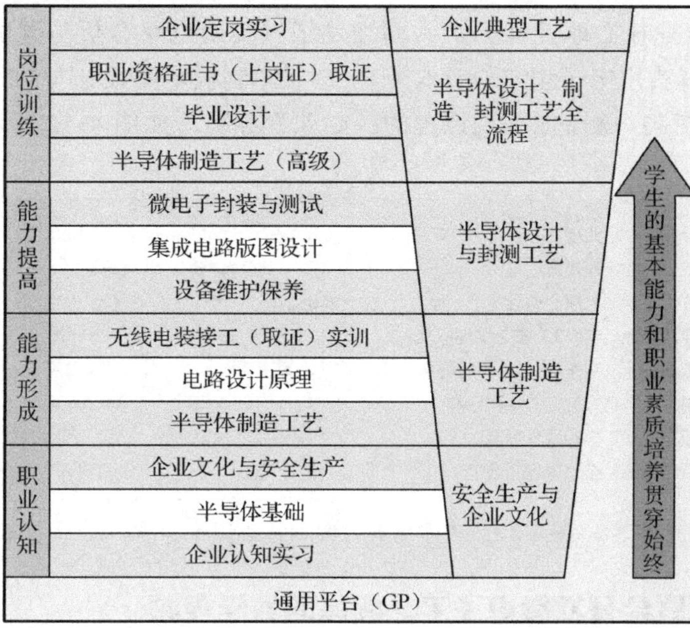

图 4-10　微电子技术专业专业现代学徒制人才培养模式课程体系

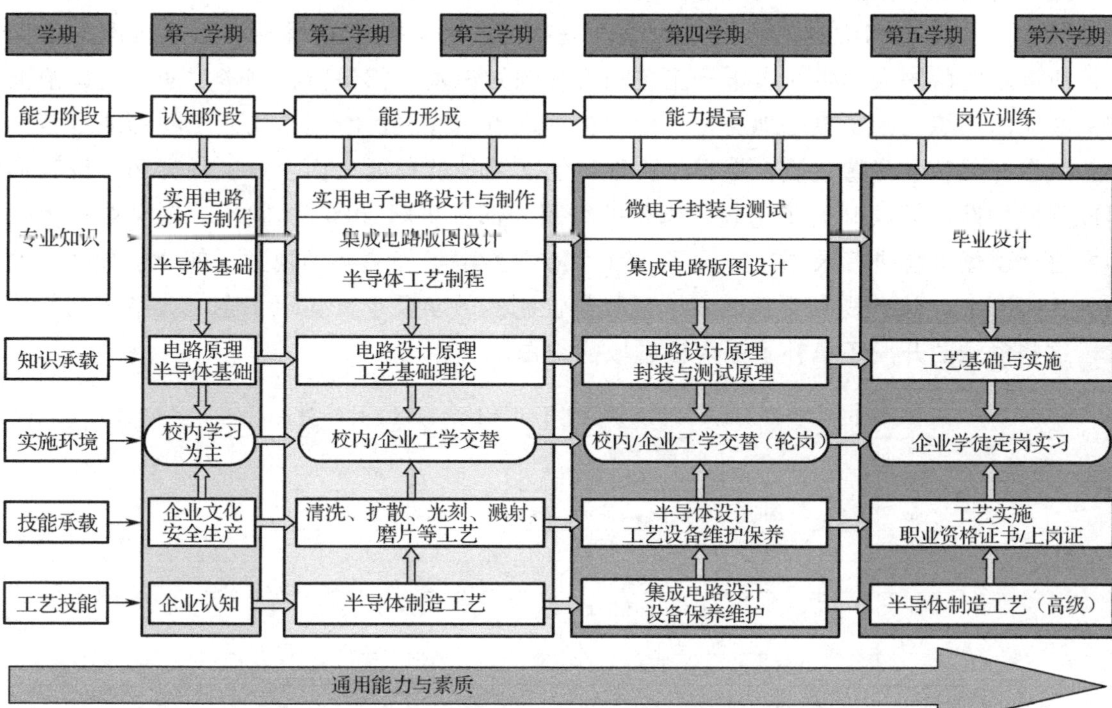

图 4-11　微电子技术专业专业现代学徒制人才培养方案

4.4.3　共同开发了人才培养方案和 6 门核心课程标准

校企共同开发人才培养方案，学校导师和企业导师结合企业的岗位技术标准，依据微电子技术专业专业核心职业能力，共同开发了《实用电路分析与测试》《实用电子电路设计与制作 1》《实用电子电路设计与制作 2》《印制板电路设计与制作》《集成电路版图设计》《微电子封装与测试》6 门课程的核心课程标准，如图 4-12 所示。

名称	修改日期	类型	大小
0--微电子技术专业核心职业能力	2019-07-01 16:11	WPS PDF 文档	238 KB
1--微电子技术专业人才培养方案	2019-07-01 15:58	WPS PDF 文档	409 KB
2--《实用电路分析与测试》核心课程标准	2019-07-01 15:59	WPS PDF 文档	426 KB
3--《实用电子电路设计与制作1》核心课程标准	2019-07-01 15:59	WPS PDF 文档	426 KB
4--《实用电子电路设计与制作2》核心课程标准	2019-07-01 15:59	WPS PDF 文档	426 KB
5--《印制板电路设计与制作》核心课程标准	2019-07-01 15:59	WPS PDF 文档	426 KB
6--《集成电路版图设计》核心课程标准	2019-07-01 15:59	WPS PDF 文档	426 KB
7--《微电子封装与测试》核心课程标准	2019-07-01 15:59	WPS PDF 文档	426 KB

图 4-12　人才培养方案和核心课程标准

4.4.4　双方联合开发微电子工艺领域的教学视频

集成电路生产企业最缺乏的是微电子的工艺工程师、设备维护工程师，由于微电子相关的实训室建设和维护的投资巨大，开设微电子的高校都很难拥有工艺方面的实训室，所以新招聘的大学生对微电子工艺和设备的知识基本都停留在书本层面，更谈不上相关技能的训练。为了更好地支持现代学徒制试点的开展，特别是工艺工程师的培养，校企联合开展教学资源建设，根据工作现场的实际技能需要，由企业工程师和学校教师组成开发团队，共同开展了选题、脚本的编写、部分讲解 PPT 的制作，以企业工程师为主进行现场讲解进行录制，开发了 150 个实景微电子工艺教学视频（部分视频列表如图 4-13 所示），这些视频不仅满足了现代学徒制的教学要求，实现了企业典型工艺的传承，这些资源的开发还填补了国内该领域的空白。

校企合作开发的150个实景微电子工艺教学视频名称一览表

序号	视频名称	备注
001	AD838粘片机点胶针更换作业指导	
002	AD838粘片机更换wafer盘作业指导	
003	AD838粘片机胶点校验作业指导（一）	
004	AD838粘片机胶点校验作业指导（二）	
005	AD838粘片机胶点校验作业指导（三）	
006	AD838粘片机框架PR识别作业指导	
007	AD838粘片机吸头更换作业指导（一）	
008	AD838粘片机吸头更换作业指导（二）	
009	AD838粘片机芯片图形PR识别作业指导	
010	AD838粘片机蘸胶工艺作业指导	
011	ASM340氦质谱检漏仪操作方法	
012	ASM包封机顶柱更换作业指导	

图 4-13　视频列表（详见附件）

4.4.5　双方联合开发微电子工艺领域的仿真资源

校企联合开展了微电子工程仿真工程中心的建设，确定开发 7 大工艺实训仿真系统，每个工艺包括若干子仿真系统，总计 49 个子仿真系统，详见表 4-12；通过这些仿真资源的开发，能够有效提升现代学徒制学生对 8 英寸线集成电路工艺的学习效果，同时可以为企业培训新入职的员工发挥重要作用。该仿真系统开发成功后将填补国内该领域的空白。

表 4-12　仿真资源统计

序号	名称	规格	数量
1	智能芯片光刻工艺实训仿真系统	（1）i 线步进式光刻加工工艺仿真； （2）i 线步进式光刻定期点检仿真； （3）i 线步进式光刻工作台清扫及 Lamp（烘烤灯）交换仿真； （4）i 线步进式光刻平坦度、照度均一性、DISK 精度检查仿真； （5）KrF 扫描式光刻加工工艺仿真； （6）KrF 扫描式光刻定期点检仿真； （7）Track 匀胶机加工工艺仿真； （8）Track 匀胶机光刻胶及显影液及过滤器交换仿真； （9）Track 匀胶机 Cup 清洗仿真	1 套，9 个仿真子系统
2	智能芯片刻蚀工艺实训仿真系统	（1）多晶刻蚀加工工艺仿真； （2）CF_4 各类气瓶交换仿真； （3）多晶刻蚀腔定期 PM 清扫和上下电极更换仿真， （4）多晶刻蚀机械手 Robot 调整仿真； （5）金属刻蚀加工工艺仿真； （6）Cl 气瓶交换仿真； （7）金属刻蚀腔定期 PM 清扫和上下电极更换仿真； （8）剥胶腔定期 PM 清扫和上下电极更换仿真； （9）金属刻蚀机械手 Robot 调整仿真	1 套，9 个仿真子系统
3	智能芯片抛光工艺实训仿真系统	（1）化学机械抛光设备（CMP）研磨和后清洗加工仿真； （2）研磨液（Slurry）交换仿真； （3）过滤器交换仿真； （4）Head/Pad/disc 交换仿真； （5）等离子增强化学气相电极（PECVD）工艺反应腔定期打磨和清扫仿真； （6）TEOS 源交换仿真； （7）SiH_4 气瓶交换仿真； （8）Scrubber 定期维护仿真； （9）TFM 各类靶材、套件定期清洗和交换仿真； （10）干泵交换、分子泵再生仿真	1 套，10 个仿真子系统

续表

序号	名称	规格	数量
4	智能芯片注入工艺实训仿真系统	（1）大束流离子注入工艺仿真； （2）中束流离子注入工艺仿真； （3）Endstion，Beam Line，Ion Source 部位腔室清扫、引出电极分解清扫标仿真； （4）离子源、灯丝、动密封、电子浴交换及清扫仿真； （5）冷泵再生仿真； （6）AsH_3 气瓶交换仿真	1 套，6 个仿真子系统
5	智能芯片扩散工艺实训仿真系统	（1）高温退火加工工艺仿真； （2）低压化学气相淀积加工工艺仿真； （3）炉管温度分布测定仿真； （4）SiC 炉芯管、石英舟清洗和交换仿真； （5）SiH_2Cl_2，HCl 气瓶交换仿真； （6）TEOS 源交换仿真	1 套，6 个仿真子系统
6	智能芯片制品检测工艺实训仿真系统	（1）背面金属蒸镀加工工艺仿真； （2）腔室、行星架、坩埚定期清扫，更换仿真； （3）背面旋涂式刻蚀加工工艺仿真； （4）刻蚀混酸配制及交换仿真	1 套，4 个仿真子系统
7	智能芯片生产设备实训仿真系统	（1）VOC 尾气处理装置操作仿真； （2）高压冷水机组操作仿真； （3）空压机操作仿真； （4）产品投入（Wafer Start）仿真； （5）产品入库包装仿真	1 套，5 个仿真子系统

4.4.6 双方共同制定学徒制岗位技术标准

以企业员工岗位能力和职责为蓝本，校企双方依据微电子技术专业专业人才培养方案共同制定学徒制岗位技术标准（见图 4-14），通过现代学徒制三年培养，毕业时通过企业考核，达到岗位技术标准，取得上岗资格，实现岗位成才。

4.4.7 结合企业实际生产，引入新技术新工艺开发校本讲义 1 本

结合企业实际生产的最新工艺和技术，校企合作开发《半导体工艺制程》校本讲义（见图 4-15），涵盖半导体制造领域基本工艺原理及设备，包括洁净技术、半导体材料、硅平面工艺流程、薄膜制备、光刻技术、掺杂技术、金属化与平坦、芯片封装技术等。基本满足了微电子技术专业专业岗位的工艺知识要求。这也是陈强老师下企业实践和校企共同开发的成果之一。

工艺Shift工程师岗位技术标准

一、基本信息			
岗位名称	工艺Shift工程师	岗位编号	
二、岗位职责			
职责一：工艺日常点检、异常制品解析及处置			
工作任务	倒班期间内，根据工艺指定技术要求进行各项工艺参数日常点检		
	倒班期间内，处置有明确技术指定的异常制品		
	倒班期间内，制品异常问题初步解析判断，必要时联络工艺工程师后进行处置		
职责二：参与协助工艺技术文书、工艺验证等相关工作			
工作任务	配合工艺工程师的要求，进行工艺数据收集和验证工作		
	辅助工艺工程师完成工序内相关工艺技术规范和文件作成		
	参与协助工艺工程师进行新产品、新工艺、新材料的导入工作		
职责三：其他工作			
工作任务	参与现场作业者的教育、指导工作。		
	配合设备Shift工程师完成设备处置后的工艺验证工作		
	完成上级领导交办的其他任务		
三、任职资格			
学　历	大专及以上	专　业	理工科相关专业
序列范围		职称/执业资格	
工作经验	半导体芯片生产线1年以上的技术工作经历		
知识技能	能够独立进行MES等系统操作；能够分析Line monitor数据，作成技术报告；能够在技术指导下进行技术辅助工作；		
	能够独立完成指导明确的异常处置；掌握特殊气体、药品、射线等安全知识		
能力素质	掌握工艺相关设备的使用方法；工艺相关设备的维护方法和点检技能 掌握基本的异常解析工具和手法和工程能力和设备能力的分析方法		
	团队意识，配合意识，品质意识，成本意识，安全意识		
所需培训	半导体物理基础理论；IC生产制造技术；质量管理体系、有害物质过程管理体系、职业健康安全管理体系、公司环境与职业健康安全管理手册等相关知识		

图 4-14　岗位技术标准

目录

图 4-15 《半导体工艺制程》校本讲义

4.4.8 结合企业实际生产，引入新技术、新工艺开发集成电路工艺测试题库

在现代学徒制试点课程资源建设中，校企合作在生产一线录制了 150 个视频教学资源。为了更好地发挥视频教学资源的功能，检验学习者对视频资源的理解和掌握程度，燕东工程师和学院教师一起开发了视频对应的集成电路工艺测试题库（见图 4-16），并装订成册供学习者参考。这些习题有企业资深工程师对新技术新工艺重点环节的把握，也有学院教师理论知识的严谨，体现了现代学徒制下校企双方在物质资源方面的共享和人力资源方面的团结协作，该习题集的题目数量已达 1700 道。

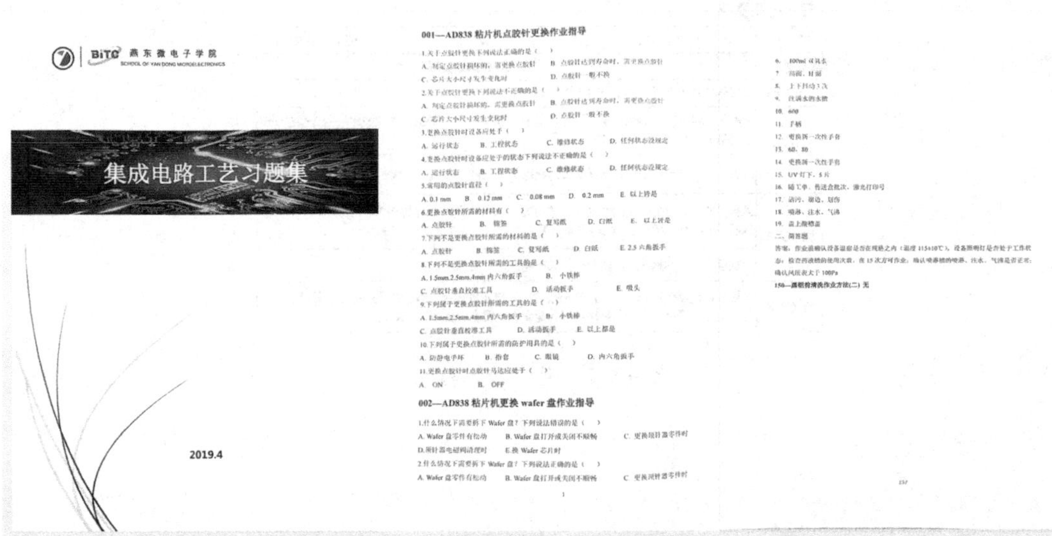

图 4-16 集成电路工艺测试题库（集成电路工艺习题集）

4.4.9 搭建微电子工艺网络课程 4 门

为了更好地达到现代学徒制试点对学徒的培养目标，充分利用网络资源实现线上线下学习的有效衔接，基于开发的 150 个工艺视频、相关的 PPT 和 1700 道题目的集成电路工艺习题库，我们搭建了《半导体工艺制程 I（初级）》《半导体工艺制程 II（中级）》《半导体工艺制程 III 实习》《微电子封装与测试》四门课程的网络课程（见图 4-17）。教学视频资源将真实的现场操作流程和工艺要求清晰地展现在学习者眼前，是学徒在去企业现场之前学习和掌握工艺知识的有效补充，同时也能在企业实习期间对学生进行操作指导，能够满足燕东在岗职工培训的需要及学院在职教师的个人能力提升和教学需求。随着现代学徒制人才培养模式的不断推进、校企合作的不断深入及课程建设的不断完善，网络资源会更加丰富，有力保障现代学徒制的推进。网站：http://learn.bitc.edu.cn

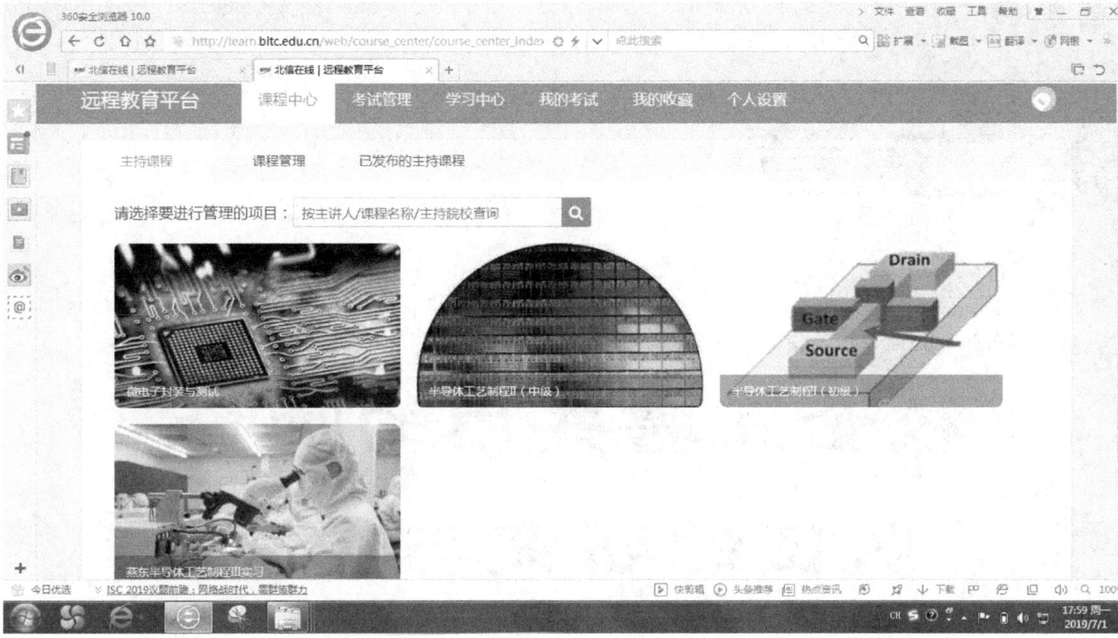

图 4-17　网络课程界面

4.4.10　有效推进了校内课程、企业课程、校企共同课程的教学和评价

对核心职业能力进行解析，落实立德树人的根本任务，形成专业教学标准，明确师资和实训基地的建设要求，结合燕东公司的企业特点，完成基于现代学徒制模式的微电子方向的人才培养方案；对专业课程进行分类，根据课程的特点明确哪些是校内课程、哪些企业课程，哪些是校企共同课程；学校课程是指以学校的骨干教师为主开展的教学的课程，企业课程是指以企业的工程师为主讲教师开展的课程或是企业认知实习、轮岗实习、定岗实习等课程；校企共同课程是指由企业讲师和校内骨干教师组成教学团队开展的课程。

针对不同的课程，探索开展了有效的教学，提升教学质量和效果，教学质量得到了企业和学生的认可。

第5章 校企互聘共用的师资队伍的研究与实践

完善双导师制，建立健全双导师的选拔、培养、考核、激励制度，形成校企互聘共用的管理机制。明确导师的职责和待遇，合作企业要选拔优秀高技能人才担任师傅，明确师傅的责任和待遇。院校要将指导教师的企业实践和技术服务纳入教师考核并作为晋升专业技术职务的重要依据。建立灵活的人才流动机制，校企双方共同制定双向挂职锻炼、联合技术研发、专业建设的激励制度和考核奖惩政策。

以上是试点文件的要点，坚持问题导向，对这部分内容经过反复的研讨，结合我们的实践，主要开展了如下研究和实践。

5.1 职业分析方法及其在教师岗位能力分析中的应用

第 4 章中提到，专业教学标准的开发核心是基于职业能力分析，事实上教师这个工作也有其明显的岗位特征，我们组织对教师也开展了职业能力分析，采用头脑风暴的方式和 DACUM 方法，形成了教师的核心职业能力和核心职业能力解析表，为构建校企互聘公用的师资队伍奠定了岗位基础。

5.2 SWOT 分析及其在师资队伍建设中的应用

所谓 SWOT 分析，即基于内外部竞争环境和竞争条件下的态势分析，就是将与研究对象密切相关的各种主要内部优势、劣势和外部的机会和威胁等，通过调查列举出来，并依照矩阵形式排列，然后用系统分析的思想，把各种因素相互匹配起来加以分析，从中得出一系列相应的结论，而结论通常带有一定的决策性。

运用这种方法，可以对研究对象所处的情景进行全面、系统、准确的研究，从而根据研究结果制订相应的发展战略、计划及对策等。

S（Strengths）是优势、W（Weaknesses）是劣势，O（Opportunities）是机会、T（Threats）是威胁。按照企业竞争战略的完整概念，战略应是一个企业“能够做的”（组织的强项和弱项）和“可能做的”（环境的机会和威胁）之间的有机组合。

SWOT 分析方法从某种意义上来说是隶属于企业内部的分析方法，即根据企业自身的条件在既定工作范围内进行分析。SWOT 分析有其形成的基础。著名的竞争战略专家迈克尔·波特提出的竞争理论从产业结构入手对一个企业“可能做的”方面进行了透彻的分析和说明，而能力学派管理学家则运用价值链解构企业的价值创造过程，注重对公司的资源和能力的分析。

SWOT 分析在综合前两者的基础上，以资源学派学者为代表，将公司的内部分析（20 世纪 80 年代中期管理学界权威们所关注的研究取向）与以能力学派为代表的产业竞争环境的外部分析（更早期战略研究所关注的中心主题，以安德鲁斯与迈克尔·波特为代表）结合起来，形成了自己结构化的平衡系统分析体系。与其他的分析方法相比较，SWOT 分析从一开始就具有显著的结构化和系统性的特征。就结构化而言，首先在形式上，SWOT 分析法表现为构造 SWOT 结构矩阵，并对矩阵的不同区域赋予了不同意义。其次在内容上，SWOT 分析法的主要理论基础也强调从结构分析入手对企业的外部环境和内部资源进行分析。

我们将 SWOT 分析法应用于校内导师和企业导师，分析他们各自的优势和劣势，找到互补点，形成合力，将师资队伍建设控制到最优。结合对教师岗位要求运用 SWOT 分析，我们发现校内导师和企业导师有各自的优势，其中校内导师组织开展教学的能力强，教学经验丰富，理论知识扎实；而企业导师则有其明显的特征，实践经验丰富，但教学能力较弱，教学经验基本空白；这些为我们组建双导师团队提供了理论依据。

5.3 双导师机制的形成与培养路径探索

“双导师制”是在在职硕士专业学位研究生联合培养中已被广泛采用的，这种导师聘用模式已经得到了学生和社会的基本认可。但这种方式我们不能简单照搬，目前在技术技能人才的培养中，企业导师和学校导师都有各自的缺点和不足，培养的对象也与在职硕士不同，不允许我们简单地照搬。

现代学徒制试点的“双导师制”的核心是如何形成有效的教学团队，基于此我们将课程主要划分成 3 类，即校内课程、校企课程、企业课程，这 3 类课程由校内导师和企业导师构成教学实施团队来开展教学，以发挥各自的优势提高人才的培养质量。

针对企业导师和校内导师各自的不足，根据职业分析分别开展了有针对性的个性化培养，如校内导师的实践不足，重点开展下企业实践锻炼，提升其实践能力；企业导师的基本的教学能力和教育经验不足，针对他们重点开展教学能力提升培训，并且在教学能力的提升方面持续指导，提升其教师岗位能力。

5.4 典型工作和成果举例

5.4.1 制定了《北京信息职业技术学院现代学徒制“双导师”管理与考核办法》

为保证学院现代学徒制试点专业教学正常运行和预定的教育教学质量目标，优化调整专业师资队伍结构，规范企业导师聘任及学校导师的遴选，构建“双导师”教学团队，根据现代学徒制的教学特点及教学的实际需要，制定了《北京信息职业技术学院现代学徒制“双导师”管理与考核办法》，在管理与考核办法中明确了现代学徒制双导师的选拔、培养、考核、激励、晋升制度，以及现代学徒制双导师的选拔标准、培养、考核、激励、晋升制度、校企互聘共用的管理机制，以更加适合现代学徒制试点的需要。

明确双导师职责和待遇，特别将学校导师到企业实践和提供技术服务纳入教师的考核，并作为其职称晋升的重要依据。

校内导师执行院字〔2018〕23 号文件《北京信息职业技术学院现代学徒制“双导师”管理与考核办法》（如图 5-1 所示）和院字〔2018〕60 号文件《北京信息职业技术学院专业技术职务聘任管理办法》。

5.4.2 开展了现代学徒制专业带头人联合培养

根据发展需要，实行双专业带头人制度，并对专业带头人进行了联合培养，推荐企业专业带头人申报北京市职业院校教师素质提升计划特聘专家，并获得成功。现代学徒制专业带头人联合培养计划内容如图 5-2 所示。

北京信息职业技术学院文件

院字〔2018〕23 号　　　　签发人：卢小平

北京信息职业技术学院
现代学徒制“双导师”管理与考核办法

为了保证学校现代学徒制试点专业教学正常运行和预定的教育教学质量目标，优化调整专业师资队伍结构，规范企业导师聘任及学校导师的遴选，构建“双导师”教学团队，根据现代学徒制的教学特点及教学的实际需要，特制订本办法。

一、指导思想

以教育部《教育部关于开展现代学徒制试点工作的意见》（教职成〔2014〕9 号）文件的精神为指导，根据现代学徒制的教学特点，以保证现代学徒制教学正常运行为目的，以培养学生的岗位职业能力为核心，以探索现代学徒制的运行机制为目标，充分调动校内专任教师参与现代学徒制的积极性，全面推动我校现代

- 1 -

1. 课酬、劳酬按照学校有关规定执行。

2. 专业教学标准制定、专业课程资源开发等纳入学校业务建设，并按学校业务建设的相关办法实施管理。

3. 学校导师到企业一线进行专业实践与锻炼，享受校内教师企业实习待遇，企业按照企业员工的管理办法对学校导师实施考核和奖励。

4. 学校导师在同等条件下享有优先进修、交流学习、培训等权利。

5. 企业导师申报校内外教研教改、科研课题，享受校内老师申报课题的同等待遇，企业并为其教研教改、科研创造条件，提供支持。

6. 企业导师享受校内导师进修、交流学习、培训等同等的机会和待遇，企业为其外出学习交流和培训等提供便利条件。

7. 企业导师具有校内评优、评先的资格，并享受学校教师同等的奖励，企业对获得奖励的企业导师给予企业岗位晋升的优先权。

8. 除享受学校、企业的奖励外，单列现代学徒制“双导师”团队评优评先项目，并给予高于学校同等奖励标准的奖励。

9. 对现代学徒制办学有突出贡献的企业导师可以根据学院有关规定授予“客座教授”称号。

（三）处罚

1. 未按照本规定履行教学职责，视情节的轻重给予适当的处

- 9 -

罚，并记入教学业务档案，作为学校企业评优评先资格审定的依据。

2. 未提供相关教学资料，（授课计划、教案、集中授课的 PPT 或讲稿、教学日志、指导记录、考核资料和成绩等），每缺一项扣除课酬的 10%，并不能享受“双导师”的一切奖励。

3. 学校教学质量监控与评估部门和企业组织学徒完成的教学评价结果不合格，取消专项现代学徒制评优、评先资格和导师资格。

七、其他

1. 本办法由教务处负责解释。

2. 本办法自发布之日起实施。

北京信息职业技术学院
2018 年 3 月 22 日

发：教务处（办）

北京信息职业技术学院办公室　　2018 年 3 月 22 日印发

共印 4 份

- 10 -

图 5-1　《北京信息职业技术学院现代学徒制“双导师”管理与考核办法》

现代学徒制专业带头人联合培养计划

为有效的推进微电子技术专业的专业建设，特制定本专业带头人联合培养计划。

一、专业带头人配置与选聘条件

1．设立双专业带头人，校内 1 名，企业 1 名。

2．校内专业带头人从现有的电子或微电子专业，具有副高级及以上职称的教师中选拔。

3．企业专业带头人从现有的企业副高级及以上职称微电子的专业技术人员中选聘，优先选聘企业的中层。

4．优先支持企业专业带头人申报北京市的专业建设的特聘专家，争取资金支持，发挥更大的作用。

二、专业带头人培养拟安排人选

表 1　人选计划表

序号	姓名	类型	学位	职称	专业	职务
1	蔺增金	企业	博士	高工	微电子	中层
2	林海峰	校内	硕士	副教授	电子	教研室主任
3	陈强	校内	硕士	高工	电子	骨干教师

三、专业带头人的培养和考核

对专业带头人培养人选的考核主要基于成果考核，任务驱动下，通过具体的项目工作成绩来考核专业带头人的培养效果，具体安排如表 2 所示。

1/2

表 2　专业带头人培养和考核方式

序号	姓名	培养方式	考核方式	备注
1	蔺增金	1、申报特聘专家 2、指导微电子专业人才培养方案的开发 3、指导科研项目的申报，并带领课题研究成参与课题研究	1、取得北京市特聘专家称号 2、协助完成微电子技术专业的申报 3、指导完成 1 项课题的申报	
2	林海峰	1、下企业实践 1 学期 2、完成微电子技术专业申报材料的准备 3、能够主讲 1 门微电子专业的核心课程	1、完成 1 个学期的企业实践，企业实践考核合格 2、完成了微电子技术专业的申报 3、承担核心课程的教学 4、组织开展微电子专业的专业和课程建设	
3	陈强	4、下企业实践 1 学期 5、完成微电子技术专业申报材料的准备 6、能够主讲 1 门微电子专业的核心课程	1、完成 1 个学期的企业实践，企业实践考核合格 2、协助完成了微电子技术专业的申报 3、承担核心课程的教学	

2/2

图 5-2　现代学徒制专业带头人联合培养计划内容

5.4.3　开发了企业导师教学能力提升课程

根据《教师手册》对教师教学基本能力的要求，开发了《高等职业教育课程开发与建设实务》《课堂教学》《实践教学》《信息化教学 PPT 设计与制作》《专业开发实务》《微课设计与制作》《定岗实习与毕业设计》《有效沟通》《实验实训基地建设与管理实务》9 门课程（见图 5-3），对企业导师的教学能力进行提升，为现代学徒制试点教学提供人力资源保障。

名称	修改日期	类型	大小
1--高等职业教育课程开发与建设实务-V2	2018-07-02 16:56	WPS PDF 文档	5,543 KB
2--培训教材-课堂教学（1-7合并）	2018-07-02 16:56	WPS PDF 文档	7,067 KB
3--培训教材-实践教学	2018-07-02 16:56	WPS PDF 文档	4,980 KB
4--培训教材-信息化教学PPT设计与制作	2018-07-02 16:56	WPS PDF 文档	5,771 KB
5--《专业开发实务》讲义	2018-07-02 16:57	WPS PDF 文档	4,494 KB
6--《微课设计与制作》	2018-07-02 16:56	WPS PDF 文档	4,054 KB
7--定岗实习与毕业设计讲义	2018-07-02 16:56	WPS PDF 文档	1,240 KB
8--培训教材-有效沟通	2018-07-02 16:56	WPS PDF 文档	4,185 KB
9--培训教材-实验实训基地建设与管理实务	2018-07-02 16:56	WPS PDF 文档	8,184 KB

图 5-3　开发的课程

5.4.4　安排校内导师下企业实践和参加高端培训

安排 2 名专业带头人培养对象教师下企业实践，提升其工程实践能力、专业建设和课程建设能力；安排 1 名教师参加集成电路版图设计高端培训 1 个月，提升其集成电路的版图设计能力；聘请中国台湾相关专家开展了微电子理论基础 90 学时的高端培训，提升了企业导师和校内导师的理论水平。

5.4.5　对已经遴选出的企业导师开展教学能力提升培训

企业导师缺乏的不是工程实践经验，比较缺乏的是如何把丰富的工程实践能力转化为教学资源，开展有效教学的能力，在这样的背景下，为将现代学徒制试点的教学开展好，我们组织开展了现代学徒制企业导师教学能力的培训。

5.4.6　建立了能满足现代学徒制试点开展的师资队伍

通过培养和选拔，建立了专业带头人、骨干教师、企业导师库，满足了现代学徒制试点对师资队伍的要求。核心双导师团队如表 5-1 所示。

表 5-1　现代学徒制双师素质的双导师团队一览表

序号	姓名	性别	专业技术职务	拟 任 课 程	双师型	师资类别
1	李学礼	男	副教授	微电子封装与测试	是	北京市教学名师
2	方冬	男	副教授	集成电路版图设计	是	北京市专业带头人
3	林海峰	男	副教授	实用电子电路设计与制作 1	是	专业带头人
4	张建新	女	讲师	半导体工艺制程 I（初级）	是	教研室主任
5	陈强	男	讲师/高级工程师	印制电路板的设计技术	是	专业带头人
6	毛瑞丽	女	副教授	实用电子电路设计与制作 2	是	骨干教师
7	张智慧	女	副教授	半导体工艺制程 II（中级）	是	骨干教师
8	侯爽	男	实验师	无线电装接工（取证）实训	是	骨干教师
9	国佳	男	讲师	半导体基础	是	骨干教师
10	胡逸凡	女	讲师	实用电路分析与测试	是	骨干教师
11	蔺增金	男	讲师/高级工程师	燕东公司上岗（取证）实训	是	特聘专家
12	方宇	女	工程师	燕东公司企业认知实习	是	企业技术人员
13	滕菲	女	工程师	燕东公司岗位基础实习	是	企业技术人员
14	高紫光	男	工程师	燕东公司集成电路制造工艺实习	是	企业技术人员
15	宋彦松	男	工程师	燕东公司集成电路设计实习	是	企业技术人员

续表

序号	姓名	性别	专业技术职务	拟 任 课 程	双师型	师资类别
16	赵志广	男	工程师	燕东公司设备维修保养实习	是	企业技术人员
17	温芳	女	工程师	燕东公司半导体工艺制程 III（实习）	是	企业技术人员
18	龚丽	女	工程师	燕东公司微电子封装与测试实习	是	企业技术人员
19	黄燕峰	女	工程师	半导体工艺制程 I（初级）	是	企业技术人员

第6章

体现现代学徒制特点的管理制度的研究与实践

建立健全与现代学徒制相适应的教学管理制度，制定学分制管理办法和弹性学制管理办法。创新考核评价与督查制度，基于工作岗位制定以育人为目标的学徒考核评价标准，建立多方参与的考核评价机制。建立定期检查、反馈等形式的教学质量监控机制。制定学徒管理办法，保障学徒权益，根据教学需要，科学安排学徒岗位、分配工作任务，保证学徒合理报酬。落实学徒的责任保险、工伤保险，确保人身安全。

以上是试点文件的要点，坚持问题导向，对这部分内容经过反复的研讨，结合自身的实践，我们主要开展了如下研究和实践。

6.1 质量管理体系标准及其在现代学徒制中的应用

质量管理体系（Quality Management System，QMS）是指在质量方面指挥和控制组织的管理体系。质量管理体系是组织内部建立的，为实现质量目标所必需的、系统的质量管理模式，是组织的一项战略决策。

它将资源与过程结合，以过程管理方法进行系统管理，根据企业特点选用若干体系要素加以组合，一般包括与管理活动、资源提供、产品实现及测量、分析与改进活动相关的过程组成，可以理解为涵盖了从确定顾客需求、设计研制、生产、检验、销售，到交付之前全过程的策划、实施、监控、纠正与改进活动的要求，一般以文件化的方式存在，成为组织内部质量管理工作的要求。

针对质量管理体系的要求，国际标准化组织的质量管理和质量保证技术委员会制定了 ISO 9000 族系列标准，以适用于不同类型、产品、规模与性质的组织，该类标准由若干相互关联或补充的单个标准组成，其中为大家所熟知的是 ISO 9001《质量管理体系要求》，它提出的要求是对产品要求的补充，经过了数次的改版。在此标准基础上，不同的行业又制定了相应的技术规范，如 IATF 16949《汽车生产件及维修零件组织应用 ISO 9001:2015 的特别要求》，ISO 13485《医疗器械 质量管理体系 用于法规的要求》等。

ISO 9001:2015 标准是由 ISO（国际标准化组织）/TC176/SC2 质量管理和质量保证技术委员会质量体系分委员会制定的质量管理系列标准之一。

各项教学管理制度的制定和实施都是为了保障质量，现代学徒制实施中各项制度的制定和实施也不例外，为了和企业更好地沟通、交流和实施，需要找到一套双方更易于沟通和采纳的质量管理体系。为适应时代的变化，北京信息职业技术学院参照 ISO 9000 标准制定了一套完整的《高等职业教育教学质量管理与保障体系》，针对现代现代学徒制的试点，和企业一起重新开发了相关的规程，保障了现代学徒制试点在学校和企业的顺利实施。

6.2 激励理论及其在现代学徒制中的应用

现代学徒制试点的核心是提高人才培养质量，提升学徒对产业中工作岗位的适应性。除在人才培养中提供各种保障，如师资队伍、实习实训基地、课程资源等这些外部条件之外，核心还是要发挥内因的作用，即如何提升学生（学徒）自己学习的积极性和主动性，发挥其主观能动性，更加刻苦地学习知识和技能，早日成才。

在这方面我们进行了初步的探索，应用经济学和管理学中的一些理论和做法，主要借鉴了激励理论促进学生（学徒）的成长和成才。

6.2.1 激励理论[1]

在经济发展的过程中，劳动分工与交易的出现带来了激励问题。激励理论是行为科学中用于处理需要、动机、目标和行为四者之间关系的核心理论。行为科学认为，人的动机来自需要，由需要确定人们的行为目标，激励则作用于人的内心活动，激发、驱动和强化人的行为。激励理论是业绩评价理论的重要依据，它说明了为什么业绩评价能够

1 https://wiki.mbalib.com/wiki/%E6%BF%80%E5%8A%B1%E7%90%86%E8%AE%BA

促进组织业绩的提高，以及什么样的业绩评价机制才能够促进业绩的提高。

早期的激励理论研究是对于“需要”的研究，回答了以什么为基础或根据什么才能调动工作积极性的问题，包括马斯洛的需要层次理论、赫茨伯格的双因素理论和麦克利兰的成就需要理论等。最具代表性的马斯洛需要层次理论就提出人类的需要是有等级层次的，从最低级的需要逐级向最高级的需要发展。需要按其重要性依次排列为生理需要、安全需要、社会需要、尊重需要和自我实现需要，并且当某一级的需要获得满足以后，这种需要便中止了它的激励作用。

激励理论中的过程学派认为，通过满足人的需要实现组织的目标有一个过程，即需要通过制订一定的目标影响人们的需要，从而激发人的行动，包括弗洛姆的期望理论、洛克和休斯的目标设置理论、波特和劳勒的综合激励模式、亚当斯的公平理论、斯金纳的强化理论等。

最具代表性的弗洛姆（V. H. Vroom）的“期望理论”认为，一个目标对人的激励程度受两个因素影响：一是目标效价，指人对实现该目标有多大价值的主观判断。如果实现该目标对人来说，很有价值，人的积极性就高；反之，积极性则低。二是期望值，指人对实现该目标可能性大小的主观估计。只有认为该目标实现的可能性很大，才会去努力争取实现，从而在较高程度上发挥目标的激励作用；如果认为该目标实现的可能性很小，甚至完全没有可能，目标激励作用则小，甚至完全没有。

在弗洛姆之后，美国管理学家 E.洛克（E. A. Locke）和休斯（C. L. Huse）等人又提出了“目标设置理论”。概括起来，主要有三个因素：①目标难度。目标应该具有较高难度，那种轻而易举就能实现的目标缺乏挑战性，不能调动起人的奋发精神，因而激励作用不大。当然，高不可攀的目标也会使人望而生畏，从而失去激励作用。因此，应把目标控制在有较大难度，又不超出人的承受能力这一水平上。②目标的明确性。目标应明确、具体，如“尽量干好”“努力工作”等笼统空泛、抽象性的目标，对人的激励作用不大。而能够观察和测量的具体目标，可以使人明确奋斗方向，并明确自己的差距，这样才能有较好的激励作用。③目标的可接受性。只有当职工接受了组织目标，并与个人目标协调起来时，目标才能发挥应有的激励作用。为此，应该让职工参与组织目标的制订，这比由管理者将目标强加于职工更能提高目标的可接受性，可以使职工把实现目标看成自己的事情，从而提高目标的激励作用。

这些关于需要和目标的研究，都成为设计业绩评价体系必须考虑的因素，特别是激励的过程理论中提出的若干要求，对于设计有效的业绩评价体系具有指导意义。

6.2.2　各学派的激励理论

激励理论是关于如何满足人的各种需要、调动人的积极性的原则和方法的概括总结。激励的目的在于激发人的正确行为动机，调动人的积极性和创造性，以充分发挥人的智力效应，做出最大成绩。20 世纪二三十年代以来，国外许多管理学家、心理学家和社会学家结合现代管理的实践，提出了许多激励理论。这些理论按照形成时间及其所研究的不同，可分为行为主义激励理论、认知派激励理论和综合型激励理论三大类。

1. 行为主义的心理激励理论

20 世纪 20 年代，美国风行一种行为主义的心理学理论，其创始人为华生。这个理论认为，管理过程的实质是激励，通过激励手段，诱发人的行为。在“刺激—反应”这种理论的指导下，激励者的任务就是去选择一套适当的刺激，即激励手段，以引起被激励者相应的反应标准和定型的活动。

新行为主义者斯金纳在后来又提出了操作性条件反射理论。这个理论认为，激励人的主要手段不能仅仅靠刺激变量，还要考虑到中间变量，即人的主观因素的存在。具体而言，在激励手段中除考虑金钱这一刺激因素外，还要考虑到劳动者主观因素的需要。根据新行为主义的心理激励理论，激励手段的内容应从社会心理观点出发，深入分析人们的物质需要和精神需要，并使个体需要的满足与组织目标的实现一致化。

新行为主义的心理激励理论强调，人们的行为不仅取决于刺激的感知，也决定于行为的结果。当行为的结果有利于个人时，这种行为就会重复出现而起到强化激励的作用。如果行为的结果对个人不利，这一行为就会削弱或消失。所以在教育中运用肯定、表扬、奖赏或否定、批评、惩罚等强化手段，可以对学习者的行为进行定向控制或改变，以引导其达到预期的最佳状态。

2. 认知派激励理论

将行为简单地看成人的神经系统对客观刺激的机械反应，这不符合人的心理活动的客观规律性。对于人的行为的发生和发展，要充分考虑到人的内在因素，如思想意识、兴趣、价值和需要等，因此，这些理论都着重研究人的需要的内容和结构，以及如何影响人们的行为。

认知派激励理论还强调，激励的目的是要把消极行为转化为积极行为，以达到组织的预定目标，取得更好的效益。因此，在激励过程中还应该重点研究如何改造和转化人的行为。属于这一类型的理论还有斯金纳的操作条件反射理论和挫折理论等。这些理论认为，人的行为是外部环境刺激和内部思想认识相互作用的结果。所以，只有将改变外部环境刺激与改变内部思想认识相结合，才能达到改变人的行为的目的。

3. 综合型激励理论

行为主义激励理论强调外在激励的重要性，而认知派激励理论强调的是内在激励的重要性。综合型激励理论则是这两类理论的综合、概括和发展，它为解决调动人的积极性问题指出了更为有效的途径。

心理学家勒温提出的场动力理论是最早期的综合型激励理论。这个理论强调，对人的行为发展来说，先是个人与环境相互作用的结果。外界环境的刺激实际上只是一种诱因，而人的需要则是一种内部的驱动力，人的行为方向决定于内部系统的需要强度与外部引线之间的相互关系。如果内部需要不强烈，那么，再强的引线也没有多大的意义。

波特和劳勒于 1968 年提出了新的综合型激励模式，将行为主义的外在激励和认知派的内在激励综合起来。在这个模式中含有努力、绩效、个体品质和能力、个体知觉、内部激励、外部激励和满足等变量。在这个模式中，波特和劳勒把激励过程看成外部刺激、个体内部条件、行为表现、行为结果相互作用的统一过程。一般人都认为，有了满足才有绩效。而他们则强调，先有绩效才能获得满足，奖励是以绩效为前提的，人们对绩效与奖励的满足程度反过来又影响以后的激励价值。人们对某一作业的努力程度，是由完成该作业时所获得的激励价值和个人感到做出努力后可能获得奖励的期望概率所决定的。很显然，对个体的激励价值越高，其期望概率越高，则其完成作业的努力程度也越大。同时，人们活动的结果既依赖于个人的努力程度，也依赖于个体的品质、能力及个体对自己工作作用的认知。

波特和劳勒的激励模式还进一步分析了个人对工作的满足与活动结果的相互关系。他们指出，对工作的满足依赖于所获得的激励同期望结果的一致性。如果激励等于或大于期望获得的结果，那么个体便会感到满足。如果激励和劳动结果之间的联系减弱，人们就会丧失信心。

6.2.3　激励理论的种类及应用

主要的激励理论有三大类，分别为内容型激励理论、过程型激励理论和行为改造型激励理论。

1. 内容型激励理论及其应用

内容型激励理论就是针对激励的原因与起激励作用的因素的具体内容进行研究的理论。

1）马斯洛的需要层次理论在企业管理中的应用

（1）低层次的需要只有得到部分满足以后，高层次的需要才有可能成为行为的重要决定因素。

（2）高层次的需要比低层次需要更有价值，人的需要结构是动态的、发展变化的。

2）奥德弗的ERG理论

“ERG”理论是生存－相互关系－成长需要理论的简称。奥德弗认为，职工的需要有三类：生存的需要（E）、相互关系需要（R）和成长发展需要（G）。

该理论认为，各个层次的需要得到的满足越少，越为人们所渴望；较低层次的需要越是能够得到较多的满足，较高层次的需要就越渴望得到满足；如果较高层次的需要一再受挫折得不到满足，人们会重新追求较低层次需要的满足。这一理论不仅提出了需要层次上的满足到上升趋势，也指出了从挫折到倒退的趋势，这在管理工作中很有启发意义。

3）麦克利兰的成就需要理论

麦克利兰认为，在人的生存需要基本得到满足的前提下，成就需要、权利需要和合群需要是人最主要的三种需要。成就需要的高低对一个人、一个企业发展起着特别重要的作用。该理论将成就需要定义为：根据适当的目标追求卓越、争取成功的一种内驱力。

该理论认为，成就需要强烈的人事业心强，喜欢那些能发挥其独立解决问题能力的环境。在管理中，只要为他提供合适的环境，他就会充分发挥自己的能力。权利需要较强的人有责任感，愿意承担需要竞争，并且能够取得较高社会地位的工作，喜欢追求成功和影响别人。

该理论还认为，合群需要是人们追求他人的接纳和友谊的欲望。合群需要欲望强烈的人渴望获得他人赞同，高度服从群体规范，忠实可靠。

4）赫兹伯格的双因素理论

赫兹伯格认为职工非常不满意的原因，大都属于工作环境或工作关系方面的，如公司的政策、行政管理、职工与上级之间的关系、工资、工作安全、工作环境等。他发现当上述条件达不到职工可接受的最低水平时，就会引发职工的不满情绪。但是，具备了这些条件并不能使职工感到激励。赫兹伯格把这些没有激励作用的外界因素称为“保健因素”。他还认为，能够使职工感到非常满意等因素，大都属于工作内容和工作本身方面的，如工作的成就感、工作成绩得到上司的认可、工作本身具有挑战性，等等。这些因素的改善，能够激发职工的热情和积极性。赫兹伯格把这一因素称为“激励因素”。这就是“双因素理论”。

这一理论告诉我们，管理者首先应该注意满足职工的“保健因素”，防止职工消极怠工，使职工不致产生不满情绪，同时还要注意利用“激励因素”，尽量使职工得到满足。

2. 过程型激励理论及其应用

过程模型激励理论是研究从人的动机产生到最终采取行动的心理过程的理论。它的主要任务是找出对行为起决定作用的某些关键因素，弄清它们之间的相互关系，以预测和控制人的行为。

1）弗鲁姆的希望理论

弗鲁姆认为，一种激励因素的作用大小取决于两个方面：一是人对激励因素所能实现的可能性大小的期望；二是激励因素对其本人效价的大小。激励力量等于期望值和效积的乘积，即

激励力量=期望值×效价

所谓“期望”，就是指根据过去的经验，对获得某种结果概率的判断。

所谓“效价”，就是指此人对这个激励因素的爱好程度，即对他所要达到目标的价值的估计。

在管理工作中应用“期望”，要注意三点：第一，要科学地设置目标，使目标给人以希望，从而产生心理动力；第二，要提高期望水平，提高员工对目标的重要意义的认识，这样就会提高效价；第三，正确处理好期望与结果的关系，防止员工期望过高，导致失望太大。

2）亚当斯的公平理论

“公平理论”是研究人的动机和知觉关系的一种理论。亚当斯认为，一个人对他所得到报酬是否满意，不是只看其绝对值，而是要进行社会比较和历史比较，看其相对值。两种比较结果相等时，就公平；公平就能激励人。反之，就会使人感到不公平；不公平就会产生紧张、不安和不满情绪，影响其工作积极性。

在管理工作中应用亚当斯的理论时，要加强对职工的思想教育，防止在工作评定中贬低别人、抬高自己、搬弄是非、左右舆论、制造矛盾等不良倾向。

3. 行为改造型激励理论及其应用

行为改造型理论是研究如何改造和转化人们的行为，使其达到目标的一种理论。

1）亚当斯的挫折理论

由于目标无法实现，动机和需要不能满足，就会导致产生一种情绪状态——挫折。

使人产生挫折心理的三个必备条件：第一，个人期望的目标是重要的、强烈的；第二，个人认为这种目标有可能达成；第三，在目标与现实中存在难以克服的障碍。

根据不同人的心理特点，受到挫折后的行为表现主要有两大类：第一，采取积极进取的态度，即采取减轻挫折和满足需要的积极适应的态度；第二，采取消极态度，甚至是对抗态度，如攻击、冷漠、幻想、退化、忧虑、固执和妥协等。

在管理工作中，第一，要培养员工掌握正确战胜挫折的方法，教育员工树立远大的目标，不要因为眼前的某种困难和挫折而失去前进的动力。第二，要正确对待受挫折的员工，为他们排忧解难，维护他们的自尊，使他们尽快从挫折情境中解脱出来。第三，要积极改变情境，避免受挫折员工“触景生情”，防止造成心理疾病和越轨行为。

2）斯金纳的强化理论

心理学认为，人的行为的结果对动机有反作用。如果行为是好的结果，就能对动机起正强化作用，即能使人的行为得到加强和重复；如果行为的结果使动机得到削弱，就能对动机起负强化作用，会使人的行为削弱或消失。

运用强化理论来影响、加强或改变职工的行为时，要注意采用以下几个方法：第一，要按照职工的不同需要，采用不同的强化物。第二，奖惩结合，以正强化为主。

3）海德的归因理论

归因理论是关于人的某种行为与其动机、目的和价值取向等属性之间逻辑结合的理论。

归因可分为两类：一是情境归因；二是个性倾向归因。情境归因是把个人行为的根本原因归为外部力量，如环境条件、社会舆论、企业的设备、工作任务、天气的变化等。个性倾向归因是把个人行为的根本原因归结为个人的自身特点，如能力、兴趣、性格、努力程度等。

在管理工作中当员工完成任务受挫折时，管理人员要及时了解职工的归因倾向，才能帮助职工总结经验教训，使职工胜不骄、败不馁，进一步严格要求自己，更加发奋努力。

6.2.4 激励机制的建立

实行目标激励主要完成以下两方面的工作。

1. 目标设置

（1）目标应该具体化；

（2）要阐明目标的社会价值并和个人利益相联系；

（3）目标既要有一定难度又要有实现的可能性；

（4）让完成目标的人参与目标设置；

（5）要对达到目标的进程有及时、客观的反馈信息。

2. 目标管理

（1）制订总体目标；

（2）做好组织准备；

（3）制订个人计划；

（4）阶段性成果评定。

6.2.5 激励机制的实施

1. 创建适合现代学徒制学徒成长特点的文化

当今时代是一个充满变化的时代，而且变化的幅度不断增大，节奏不断加快，这就要求组织必须从僵化的机械模式，转变为更具有灵活性和适应性的有机模式；企业之间的竞争已从生产效率的竞争演化为创新率的竞争，其本质是企业文化的竞争，传统“命令式”的领导方式已不适应对新型“知识员工”的管理。管理在一定程度上就是用一定的文化塑造人，只有当企业文化能够真正融入每个员工个人的价值观时，他们才能把企业的目标当成自己的奋斗目标，因此用员工认可的文化来管理，可以为企业的长远发展提供动力。

目前进入现代学徒制试点专业学习的学生都是 2000 年后出生的，所以要更加深入分析学生（学徒）的需求，应用激励理论创建适合现代学徒制成长特点的文化。

2. 多渠道激励机制的建立和实施

在现代学徒制实施阶段，对学生专业技能的形成和提高，一是要发挥学生（学徒）的主动性；二是要发挥在企业导师的责任性和主动性，在培养学生（学徒）方面更加用心投入，这时一方面要激励学生（学徒），另一方面要激励师傅，形成多渠道、多层次的激励机制。

总之，所采取激励的手段要灵活多样，要根据不同的工作、不同的人、不同的情况制定出不同的制度，而决不能一种制度一成不变。

3. 充分考虑学生（学徒）的个体差异，实施有差别的激励机制

激励是为了提高学生（学徒）学习和工作的积极性，影响学习和工作积极性的主要因素有工作性质、领导行为、个人发展、人际关系、报酬福利和工作环境，而且这些因素对于不同企业所产生影响的排序也不同，因此企业要根据不同的类型和特点制定激励制度，而且在实施激励机制时一定要考虑到个体差异，促进学生（学徒）的成长和成才。

6.3 典型工作和成果举例

6.3.1 制定了现代学徒制教学管理制度

加强现代学徒制试点班教学管理是试点工作的基础性工程，是深化校企合作，实施双导师联合传授，提高学徒（学生）技术技能水平的关键。各试点项目部门应当建立科学、完善的现代学徒制试点班教学常规管理机制，使学校教学工作规范化、制度化、有序化，我们制定了现代学徒制教学管理制度，如图 6-1 所示。

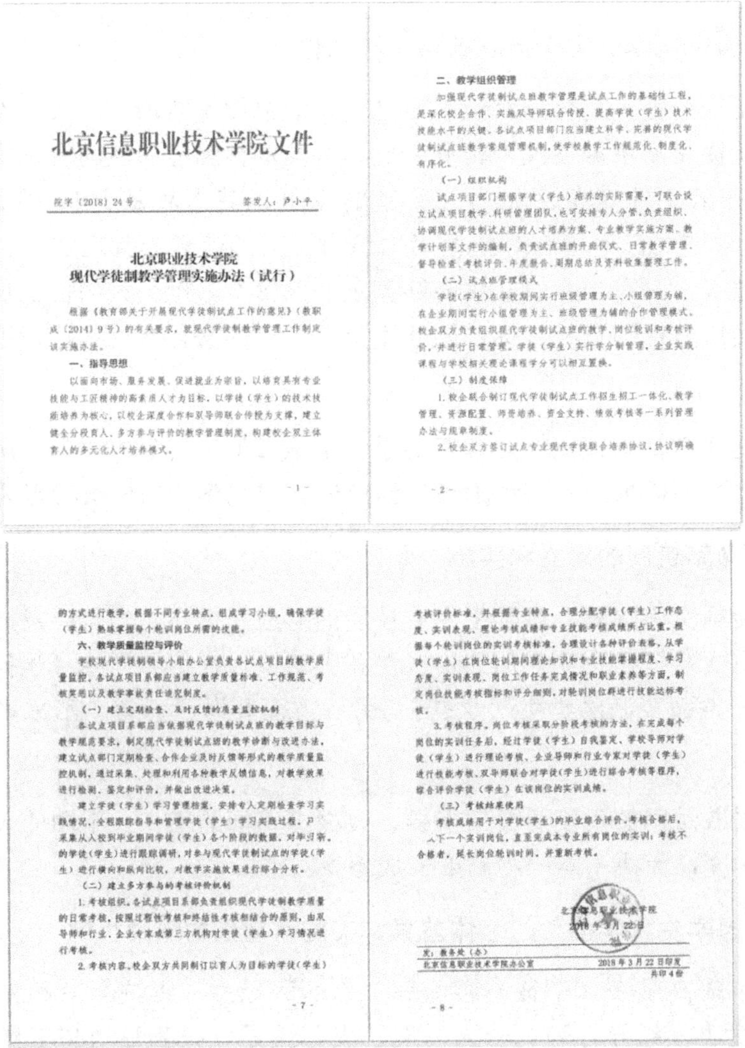

北京信息职业技术学院文件

院字〔2018〕24号　　签发人：卢小平

北京职业技术学院
现代学徒制教学管理实施办法（试行）

根据《教育部关于开展现代学徒制试点工作的意见》（教职成〔2014〕9号）的有关要求，就现代学徒制教学管理工作制定该实施办法。

一、指导思想

以面向市场、服务发展、促进就业为宗旨，以培育具有专业技能与工匠精神的高素质人才为目标，以学徒（学生）的技术技能培养为核心，以校企深度合作和双导师联合传授为支撑，建立健全分段育人、多方参与评价的教学管理制度，构建校企双主体育人的多元化人才培养模式。

- 1 -

二、教学组织管理

加强现代学徒制试点班教学管理是试点工作的基础性工程，是深化校企合作、实施双导师联合传授、提高学徒（学生）技术技能水平的关键。各试点项目部门应当建立科学、完善的现代学徒制试点班教学常规管理机制，使学校教学工作规范化、制度化、有序化。

（一）组织机构

试点项目部门根据学徒（学生）培养的实际需要，可联合设立试点项目教学、科研管理团队，也可安排专人分管，负责组织、协调现代学徒制试点班的人才培养方案、专业教学实施方案、教学计划等文件的编制，负责试点班的开班仪式、日常教学管理、督导检查、考核评价、年度报告、周期总结及资料收集整理工作。

（二）试点班管理模式

学徒（学生）在学校期间实行班级管理为主、小组管理为辅，在企业期间实行小组管理为主、班级管理为辅的合作管理模式。校企双方负责组织现代学徒制试点班的教学、岗位轮训和考核评价，并进行日常管理。学徒（学生）实行学分制管理，企业实践课程与学校相关理论课程学分可以相互置换。

（三）制度保障

1. 校企联合制订现代学徒制试点工作招生招工一体化、教学管理、资源配置、师资培养、资金支持、绩效考核等一系列管理办法与规章制度。

2. 校企双方签订试点专业现代学徒联合培养协议，协议明确

- 2 -

的方式进行教学，根据不同专业特点，组成学习小组，确保学徒（学生）熟练掌握每个轮训岗位所需的技能。

六、教学质量监控与评价

学校现代学徒制领导小组办公室负责各试点项目的教学质量监控，各试点项目系部应当建立教学质量标准、工作规范、考核奖惩以及教学事故责任追究制度。

（一）建立定期检查、及时反馈的质量监控机制

各试点项目系部应当依据现代学徒制试点班的教学目标与教学规范要求，制定现代学徒制试点班的教学诊断与改进办法，建立试点部门定期检查、合作企业及时反馈等形式的教学质量监控机制，通过采集、处理和利用各种教学反馈信息，对教学效果进行检测、鉴定和评价，并做出改进决策。

建立学徒（学生）学习管理档案，安排专人定期检查学习实践情况，全程跟踪指导和管理学徒（学生）学习实践过程，采集从入校到毕业期间学徒（学生）各个阶段的数据，对毕业后的学徒（学生）进行跟踪调研，对参与现代学徒制试点的学徒（学生）进行横向和纵向比较，对教学实施效果进行综合分析。

（二）建立多方参与的考核评价机制

1. 考核组织。各试点项目系部负责组织现代学徒制教学质量的日常考核，按照过程性考核和终结性考核相结合的原则，由双导师和行业、企业专家或第三方机构对学徒（学生）学习情况进行考核。

2. 考核内容。校企双方共同制订以育人为目标的学徒（学生）

- 7 -

考核评价标准，并根据专业特点，合理分配学徒（学生）工作态度、实训表现、理论考核成绩和专业技能考核成绩所占比重。根据每个轮训岗位的实训考核标准，合理设计各种评价表格，从学徒（学生）在岗位轮训期间理论知识和专业技能掌握程度、学习态度、实训表现、岗位工作任务完成情况和职业素养等方面，制定岗位技能考核指标和评分细则，对轮训岗位群进行技能达标考核。

3. 考核程序。岗位考核采取分阶段考核的方法，在完成每个岗位的实训任务后，经过学徒（学生）自我鉴定、学校导师对学徒（学生）进行理论考核、企业导师和行业专家对学徒（学生）进行技能考核、双导师联合对学徒（学生）进行综合考核等程序，综合评价学徒（学生）在该岗位的实训成绩。

（三）考核结果使用

考核成绩用于对学徒（学生）的毕业综合评价，考核合格后，入下一个实训岗位，直至完成本专业所有岗位的实训；考核不合格者，延长岗位轮训时间，并重新考核。

北京信息职业技术学院
2018年3月22日

发：教务处（办）
北京信息职业技术学院办公室　　2018年3月22日印发
共印4份

- 8 -

图 6-1　现代学徒制教学管理制度

6.3.2 制定了现代学徒制学分制管理办法和弹性学制管理办法

为适应现代学徒制试点个性化人才培养的需求，建立健全灵活与开放的现代学徒制教学管理制度，深化工学结合人才培养模式改革，按照《教育部关于开展现代学徒制试点工作的意见》（教职成〔2014〕9 号）规定，结合学校实际，制定了《北京信息职业技术学院现代学徒制学分制和弹性学制管理办法》，如图 6-2 所示。

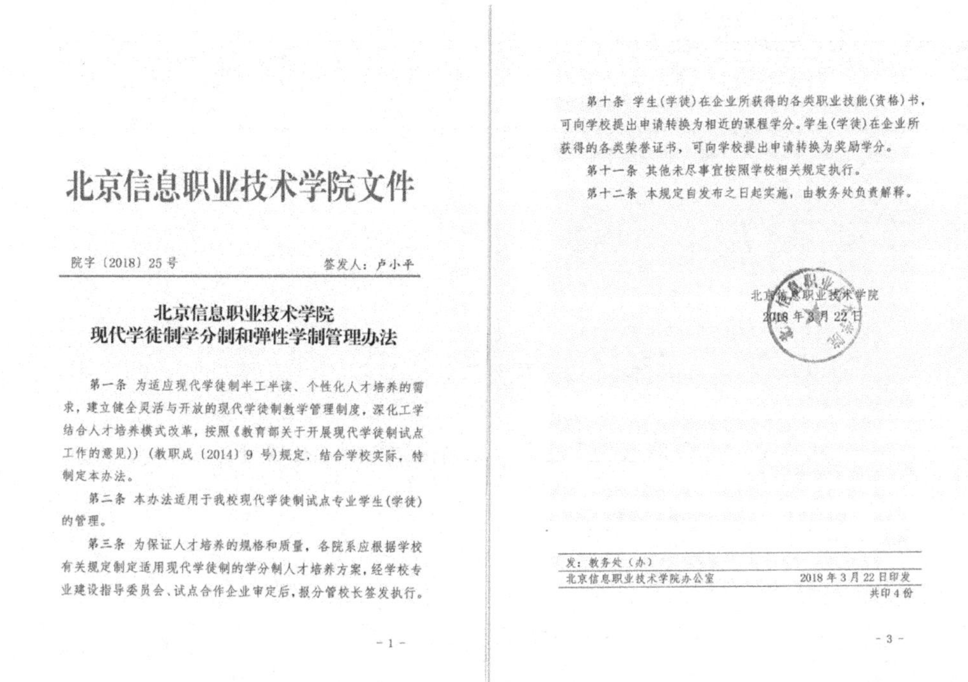

北京信息职业技术学院文件

院字〔2018〕25 号　　签发人：卢小平

北京信息职业技术学院
现代学徒制学分制和弹性学制管理办法

第一条 为适应现代学徒制半工半读、个性化人才培养的需求，建立健全灵活与开放的现代学徒制教学管理制度，深化工学结合人才培养模式改革，按照《教育部关于开展现代学徒制试点工作的意见》)（教职成〔2014〕9 号)规定，结合学校实际，特制定本办法。

第二条 本办法适用于我校现代学徒制试点专业学生(学徒)的管理。

第三条 为保证人才培养的规格和质量，各院系应根据学校有关规定制定适用现代学徒制的学分制人才培养方案，经学校专业建设指导委员会、试点合作企业审定后，报分管校长签发执行。

- 1 -

第十条 学生(学徒)在企业所获得的各类职业技能(资格)书，可向学校提出申请转换为相近的课程学分。学生(学徒)在企业所获得的各类荣誉证书，可向学校提出申请转换为奖励学分。

第十一条 其他未尽事宜按照学校相关规定执行。

第十二条 本规定自发布之日起实施，由教务处负责解释。

北京信息职业技术学院
2018 年 3 月 22 日

发：教务处（办）
北京信息职业技术学院办公室　　2018 年 3 月 22 日印发
共印 4 份

- 3 -

图 6-2 《北京信息职业技术学院现代学徒制学分制和弹性学制管理办法》

6.3.3 制定了现代学徒制学徒管理办法

为规范和加强现代学徒制学徒（学生）的管理，维护学徒（学生）及各方的合法权益，依据《教育部关于开展现代学徒制试点工作的意见》（教职成〔2014〕9 号）的有关要求，根据学生的双重身份，制定了《北京信息职业技术学院现代学徒制学徒管理办法》，如图 6-3 所示。

6.3.4 现代学徒制试点项目考核评价指导意见

鼓励各二级院系以学徒（学生）专业技能和工匠精神培养为核心，以提高质量为目标，探索建立中国特色现代学徒制人才培养模式评价标准，构建多元化考核评价体系，深化产教融合、校企合作，推进学校现代学徒制试点工作顺利实施。学校层面制定了《北京信息职业技术学院现代学徒制试点项目考核评价指导意见（试行)》，如图 6-4 所示。

北京信息职业技术学院文件

院字〔2018〕26号　　签发人：卢小平

北京信息职业技术学院
现代学徒制学徒管理办法

第一章　总　则

第一条　为规范和加强现代学徒制学徒（学生）的管理，维护学徒（学生）以及各方的合法权益，依据《教育部关于开展现代学徒制试点工作的意见》（教职成〔2014〕9号）的有关要求，制定本办法。

第二条　本办法所称学徒（学生），是指校企双主体依据招生与招工一体化原则招录，按照各专业人才培养方案要求，由校企双方采取工学结合育人模式，培养具有专业技能和工匠精神的高素质人才。

- 1 -

第十九条　学徒（学生）合格结业后应当优先为试点项目企业服务。

第二十条　学徒（学生）在企业轮岗学习期间，应当给予不低于本单位实习生待遇的劳动报酬。

第二十一条　学徒（学生）人身伤害事故的赔偿，应当依据有关法律法规等规定处理。

第六章　附　则

第二十二条　本办法由教务处负责解释和修订。

第二十五条　本办法自颁布之日起施行。

北京信息职业技术学院
2018年3月22日

发：教务处（办）

北京信息职业技术学院办公室　　2018年3月22日印发

共印4份

- 6 -

图 6-3　《北京信息职业技术学院现代学徒制学徒管理办法》

北京信息职业技术学院文件

院字〔2018〕161号　　签发人：卢小平

北京信息职业技术学院
现代学徒制试点项目考核评价指导意见
（试行）

为贯彻落实《教育部关于开展现代学徒制试点工作的意见》（教职成〔2014〕9号）的有关要求，健全学校现代学徒制试点项目考核评价机制，结合我校现代学徒制试点项目实际，制定本意见。

一、指导思想

以学徒（学生）专业技能和工匠精神培养为核心，以提高质量为目标，探索建立中国特色现代学徒制人才培养模式评价标准，构建多元化考核评价体系，深化产教融合、校企合作，推进学校现代学徒制试点工作顺利实施。

- 1 -

图 6-4　《北京信息职业技术学院现代学徒制试点项目考核评价指导意见（试行）》

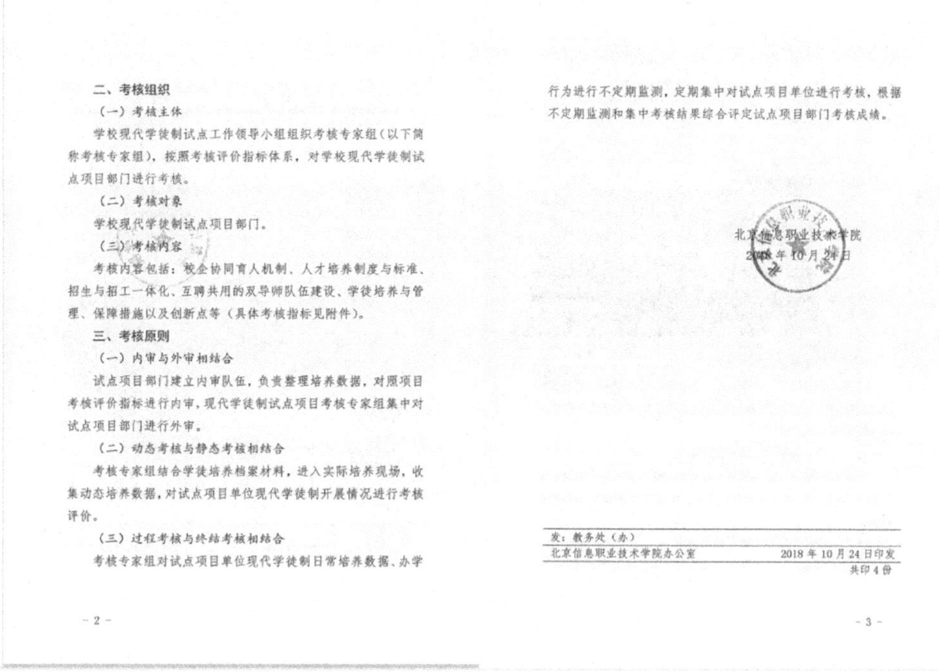

二、考核组织

（一）考核主体

学校现代学徒制试点工作领导小组组织考核专家组（以下简称考核专家组），按照考核评价指标体系，对学校现代学徒制试点项目部门进行考核。

（二）考核对象

学校现代学徒制试点项目部门。

（三）考核内容

考核内容包括：校企协同育人机制、人才培养制度与标准、招生与招工一体化、互聘共用的双导师队伍建设、学徒培养与管理、保障措施以及创新点等（具体考核指标见附件）。

三、考核原则

（一）内审与外审相结合

试点项目部门建立内审队伍，负责整理培养数据，对照项目考核评价指标进行内审，现代学徒制试点项目考核专家组集中对试点项目部门进行外审。

（二）动态考核与静态考核相结合

考核专家组结合学徒培养档案材料，进入实际培养现场，收集动态培养数据，对试点项目单位现代学徒制开展情况进行考核评价。

（三）过程考核与终结考核相结合

考核专家组对试点项目单位现代学徒制日常培养数据、办学

– 2 –

行为进行不定期监测，定期集中对试点项目单位进行考核，根据不定期监测和集中考核结果综合评定试点项目部门考核成绩。

北京信息职业技术学院

2018 年 10 月 24 日

发：教务处（办）

北京信息职业技术学院办公室　　2018 年 10 月 24 日印发

共印 4 份

– 3 –

图 6-4 《北京信息职业技术学院现代学徒制试点项目考核评价指导意见（试行）》（续）

6.3.5 制定了现代学徒制试点学生（学徒）手册

为了从一入学就让学生对其学生（学徒）的双重身份有所认知，学校针对现代学徒制试点的学生专门制定了《北京信息职业技术学院学生（学徒）手册（高职）》（见图 6-5），通过该手册的学习，让学生更加明确自己的权利和义务，保护学生（学徒）的正当权益。

6.3.6 健全了现代学徒制学徒保险方案

根据教育部、财政部、人力资源和社会保障部、国家安全监管总局、中国保监会 2016 年 4 月 11 日发布的《职业学校学生实习管理规定》，确定为现代学徒制的学生办理如下保险项目。

（1）学生自愿投保“人身意外伤害”保险。

（2）由学校和企业为学徒按年度集体投保“学生实习责任险”。

6.3.7 建立了学徒权益保护办法

双方商定学生权益的保护，将严格执行教育部、财政部、人力资源和社会保障部、国家安全监管总局、中国保监会等五部委 2016 年 4 月 11 日联合发布的《职业学校学生实习管理规定》。

BITC 北京信息职业技术学院 BEIJING INFORMATION TECHNOLOGY COLLEGE

学生（学徒）手册

（高职）

2017 年 9 月

承诺书

承诺书

我作为北京信息职业技术学院的一名学生，认真学习了《学生（学徒）手册》，对于相关管理制度有了较深刻的认识。

现在我庄重承诺：我将严格遵守《北京信息职业技术学院学生（学徒）手册》中的各项规章制度，做到爱国守法、诚实守信、尊敬师长、刻苦学习，自觉践行社会主义核心价值观，争取以优异的成绩向祖国、学校和父母汇报。

承 诺 人：

教学院系：

班　　级：

承诺时间：____年___月___日

学习完本《学生（学徒）手册》后请签名并将该页撕下，交本班班主任。

博 学 笃 行

术 道 精 诚

——要不断努力地学习、扎实做好具体工作、做事要精益求精、诚信做人、追求成功。

目　录

目　录

图 6-5 《北京信息职业技术学院学生（学徒）手册（高职）》（部分内容）

6.3.8 学徒的评价与企业工程师评价机制对接

燕东微电子公司内部有一套星级工程师评价体系。工程师按级别分为 1～4 星，最高级别为 4 星，其年薪与企业中层领导持平。每年招收的应届大学毕业生有 1 年实习期，实习期结束后都要进入星级工程师评价体系，根据其所获得的星级不同享受不同的绩效工资。为了鼓励现代学徒制的学生更好地学技术和技能，学徒在第 3 年定岗实习期间就可以申请星级工程师评价，取消了 1 年实习期限制。如果考核合格达到某星级的要求，则直接享受该星级工程师的绩效工资待遇。工艺技术任职资格评价清单（1 星）如图 6-6 所示。

大项	序号	小项	类别	积分项分值	考评方式					
					笔试	实操	上交材料	上级评	面试	公司提供
绩效门槛	1	未经批准的工艺变更次数为0	门槛项							√
	2	本人造成重大质量事故次数为0	门槛项							√
经验门槛	1	在本企业工作满1年	门槛项							√
素质标准	1	诚实守信	门槛项							√
	2	考勤表现	门槛项							√
	3	执行力及团队协作能力	积分项	30				√		
技能标准	1	熟悉所在工序部分设备的结构和加工原理	门槛项						√	
	2	熟悉所在工序部分工艺知识和产品加工流程	门槛项						√	
	3	能够处理本工序两类(含)以上工艺异常，并可以独立关闭所在工序某一类的工艺异常	门槛项				√		√	
文件做成能力	1	技术经验成果论文	积分项	15			√			
	2	工艺文件更新	积分项	30			√			
	3	工艺改善、工艺优化或Cpk提升项目数和报告件数	积分项	20			√			
其他加分项	1	专利（当年有效）	积分项	10						√
	2	更高学历或职称（当年有效）	积分项	10			√			
	3	获得公司级荣誉证书（当年有效）	积分项	15						√
	4	外语水平(提交复印件)	积分项	10			√			
				140						

图 6-6　工艺技术任职资格评价清单（1 星）

6.3.9　持续执行基于 ISO 9000 质量管理体系的教学质量监控和改进规程

学校和企业都执行 ISO 9000 标准，在教学质量监控和改进方面，继续执行 ISO 9000 标准。部分 ISO 9000 规程如图 6-7 所示。

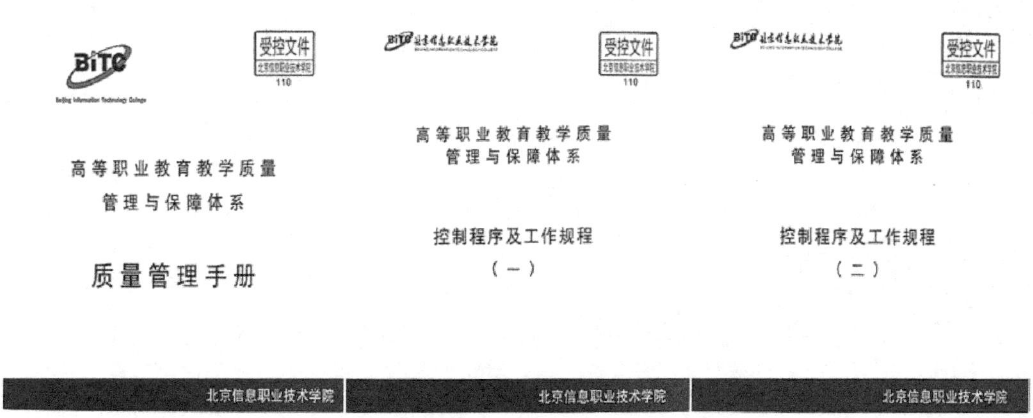

图 6-7　部分 ISO 9000 规程

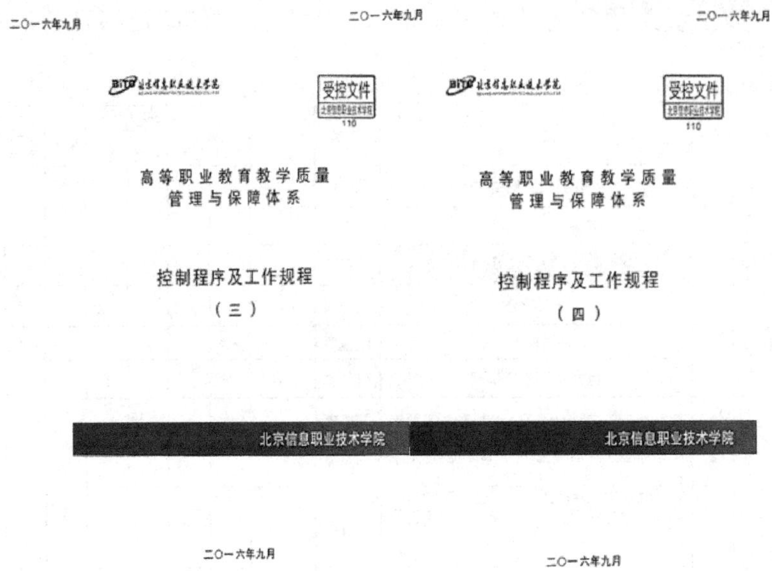
二〇一六年九月 二〇一六年九月 二〇一六年九月

受控文件

高等职业教育教学质量
管理与保障体系

控制程序及工作规程
（三）

北京信息职业技术学院

二〇一六年九月

受控文件

高等职业教育教学质量
管理与保障体系

控制程序及工作规程
（四）

北京信息职业技术学院

二〇一六年九月

图 6-7　部分 ISO 9000 规程（续）

附录A 燕东微电子学院章程

序 言

北京信息职业技术学院（以下简称“北信学院”）是教育部批准成立的北京市属全日制普通高等职业学校，隶属于北京电子控股有限责任公司（以下简称“电控公司”）。北京燕东微电子有限公司（以下简称“燕东公司”）是北京市国有微电子企业，隶属于电控公司。在电控公司领导下，为加快北京半导体产业（微电子）发展，燕东公司高度重视微电子工艺人才培养，创新人才开发体系，与北京××大学、北信学院等深度合作，校企联合以现代学徒制模式培养微电子技术技能人才，委托北信学院开展职工能力提升培训，促进企业竞争力的持续提升。

第一章 总 则

第一条 根据国务院《关于加快发展现代职业教育的决定》（国发〔2014〕19 号文件）和教育部《关于开展现代学徒制试点工作的意见》（教职成〔2014〕9 号）文件精神，促进北京××大学、北信学院、燕东公司在微电子技术技能人才培养和公司员工培训等方面的深度合作，特制定本章程。

第二条 本着“平等自愿、互惠互利、共同发展”的原则，在北京电子控股有限责任公司领导下，以北信学院与燕东公司为主体，组建“燕东微电子学院”（以下简称“微电子学院”）。微电子学院的英文名称：School of Yan Dong Microelectronics（简写“SYDM”）。

第三条 “微电子学院”的性质：由致力于半导体、集成电路产业发展的企业、学校为开展校企合作育人、加强企业职工培训、促进学术交流等工作自愿组成的校企合作育人机构，是非法人组织。

第四条 “微电子学院”的宗旨：促进半导体、集成电路等微电子产业发展，秉承优势互补、共谋发展、共享成果的理念，构建政行企校深度融合发展平台，构建具有中国特色、世界水平的微电子技术专业育人体系，打通技能人才成长通道，提升院校技术服务能力，校企协同打造微电子产业良性发展生态。

第五条 “微电子学院”运行机制：实行理事会领导下的院长负责制。

第六条 “微电子学院”工作地址：北京信息职业技术学院和北京燕东微电子有限公司同时授牌“燕东微电子学院”，日常工作地址设在北京信息职业技术学院电子与自动化工程学院。

第二章　主要职能

第七条　“微电子学院”的主要职能：

（一）促进政行企校协同合作。发挥政府、行业、企业、学校的作用，加强微电子学院成员单位之间交流与合作，建立对话机制，推动成员单位在合作育人、学生就业、员工培训、产品开发、学术交流等领域协同合作。

（二）创新校企合作机制。建立“校中厂”“厂中校”，设立“创新工作室”，开设“企业冠名班”“定向培养班”等形式多样的联合办学，实施现代学徒制，校企联合培养技术技能人才。

（三）实现资源共建共享。背靠企业，开发有真实企业背景的典型教学案例和数字化教学资源；逐步建设远程教学共享平台、共享资源库和远程课程；开放学校、企业资源，接收学生实习和就业。

（四）开展员工和师资培训。依托微电子学院，面向合作单位开展职工培训，提升企业员工技术技能水平，促进技能人员向专业技术人员转移。面向全国职业院校开展微电子技术师资培训。

（五）开发微电子教学标准。紧随微电子产业发展步伐，定期对微电子产业一线岗位人员的知识结构、岗位技能进行调研与跟踪，及时修订微电子技术专业培养目标、培养方案、系列教材及学生学习评价体系，实现微电子技术技能人才培养与微电子产业的对接。

（六）建设双师教学团队。微电子学院相关单位共建双师结构教学团队，建立企业技术人员和学校教师的兼职互聘制度，聘请国际知名专家担任客座教授。行业企业专家到校教学咨询，学校教师到企业实践锻炼，定期组织学术和技术专题研讨、合作研发、合作培训，提高团队科研能力和教学研究水平。

（七）建设多功能实训基地。学校向企业开放实验实训环境，支持职工培训；企业向学校开放，接收学生实习和教师锻炼，形成多元化、多功能校企合作实训基地，服务学生培养、新员工培训、在职职工技能提升。

（八）开展微电子学术交流。发挥微电子学院人才聚集功能，每年组织微电子产业发展和技术创新交流研讨，邀请国内外知名专家、企业家开展学术交流，构建国内一流、国际水准的行业、企业、院校学术交流平台。

第三章　组织机构

第八条　微电子学院实行理事会领导下的院长负责制，理事会为微电子学院最高决策机构。理事会由理事长、副理事长和常务理事、理事组成，设理事长 1 名，由电控公司领导担任；副理事长 2 名，北信学院、燕东公司各 1 名；常务理事和理事根据需要设定；理事会设秘书处，秘书处设在北信学院。微电子学院设院长 1 名，联席院长 1 名，院长由北信学院出任，联席院长由燕东公司出任。理事会闭会期间，院长主持日常工作。

第九条 理事长主持理事会换届改选。理事长、副理事长、常务理事由理事会选举产生，任期四年。秘书处设秘书长一名、副秘书长若干名，并配备相应工作人员。秘书长和副秘书长由理事长提名，理事会表决通过。

第十条 理事会原则上每年召开二次，审议年度工作计划、重大制度、重大事项、工作总结等。如遇特殊情况，经理事长提议，可召开理事会临时会议。理事会由理事长主持，如遇特殊情况，也可委托副理事长主持会议。

第十一条 理事会采取民主协商决策机制，理事会议由理事长主持，研讨议题本着校企生三方共赢、无私奉献的原则，少数服从多数后审议通过；在重大决策中，若有一方坚决反对的，不予通过。

第十二条 秘书处是理事会的日常办事机构，其主要职责是：

（一）负责合作成员单位的联络协调；

（二）收集并发布微电子技术人才供求信息；

（三）筹备组织理事大会，负责起草会议文件；

（四）为成员单位提供服务，定期举办校企对接活动；

（五）负责微电子学院的宣传和档案管理等工作；

（六）完成理事长、副理事长交办的工作。

第十三条 微电子学院设置教务办公室，设主任 1 名。主要职责是：

（一）作为教学运行管理机构，协调安排教学和培训工作；

（二）根据教学、培训和资源建设实施情况，制作经费发放表。

第十四条 微电子学院设置教研室，设主任 1 名。主要职责是：

（一）负责组织行企校专家研讨会，修订微电子人才培养方案；

（二）负责微电子专业领域相关课程开发和资源建设；

（三）负责组织制订学期教学计划，并提交微电子学院审批；

（四）负责选聘教师，落实教学任务。

第四章　成员单位的权利和义务

第十五条　成员单位：凡承认微电子学院章程，承诺履行章程规定义务，有意为微电子技术人才培养和微电子产业提升发展做贡献，具备法人资格的企业、院校、行业组织、培训机构及其他社会组织，均可申请作为微电子学院成员单位。

第十六条　加入微电子学院的程序：

（一）提交加入微电子学院的申请书；

（二）经微电子学院理事会讨论通过；

（三）挂牌设立微电子学院人才培养基地。

第十七条　微电子学院成员单位享有下列权利：

（一）有选举权、被选举权和表决权；

（二）对章程修改、合作方针、发展规划、工作计划等重大问题有提出意见建议、参与讨论的决策权，对微电子学院的工作有批评权和监督权；

（三）经微电子学院理事长同意，可以以微电子学院的名义开展有关活动；

（四）优先享有微电子学院提供的信息、场地、设施等各种职业教育资源，优先选用微电子学院培养的各种专业技术技能人才；

（五）根据自身实际需要，有权向微电子学院理事会提出在新产品开发、项目联合申报、员工培训，或在教学、学习、招生、就业、师资、设备等方面的支持请求和帮助议案；

（七）企业在招聘过程中，对微电子学院优秀毕业生在同等条件下优先录用；

（八）应微电子学院需要，在成员单位条件许可的前提下，选派专业教师或专业技术人员参与微电子学院组织的行业标准制定、专业标准制定、课程教学改革、教材编写、科研项目研究、技术研发与援助、学术研讨等工作，所产生的成果、产权归参与各方共同所有，参与各方可视情况签订单项合作协议；

（九）理事个人可受聘为微电子学院名誉教授、客座教授或兼职讲师。

（十）申请加入和退出本着自愿的原则，需履行相应的程序。

第十八条　微电子学院的成员单位应履行下列义务：

（一）遵守本章程及微电子学院成员之间签订的各项协议合同；

（二）执行微电子学院理事会决议；

（三）向微电子学院通报相关工作进展，完成微电子学院交办的工作任务；

（四）树立微电子学院良好形象，保守微电子学院商业秘密，维护微电子学院的合法权益；

（五）为建立优质共享的人才培养基地提供资源；

（六）为微电子学院开展活动提供必要的支持。

第十九条　微电子学院成员单位要求退出时，应提前三个月向理事会提出书面申请，经批准后退出。

第二十条　成员单位如违反本章程，损害微电子学院声誉和利益，情节严重且劝告无效，经微电子学院理事会表决通过，可责令其退出或予以除名，并视情依法追究其法律责任。

第二十一条　若成员单位指派理事因故不能继续担任理事，则应由原单位成员及时重新指派人选，报秘书处备案。

第五章　经费与资产管理

第二十二条　资金来源：为保障微电子学院的有效运行，资金来源于成员单位。北信学院拨付兼职教师酬金（不低于××万元，与学生规模有关），燕东公司拨付员工培训费（不低于××万元，与当年培训量有关），其他成员单位参照执行。

第二十三条　微电子学院经费由北信学院负责管理，应依照国家财经法规政策不断建立健全经费管理制度。

第二十四条　微电子学院经费实行专款专用，不得用于会员间分配。

第二十五条　微电子学院理事会应组织对微电子学院经费进行年度审计，并向理事大会报告经费使用情况。

第二十六条　微电子学院经费使用范围：企业兼职教师课时费、培训讲师酬金、培训耗材费（不含生产、实验耗材）、课程开发与资源建设专家费、学员餐费、优秀学生奖学金以及与微电子学院业务活动相关的支出。

第二十七条　年度结余经费的使用：成员单位年度内拨付的培训经费严格按照预算

进行列支，结余不结转下一年。

第二十八条 资产管理：微电子学院使用的固定资产应协调各成员单位共享资源，微电子学院不购置固定资产。

第六章 章程的修改

第二十九条 微电子学院章程的修改，须经理事会审议、理事大会表决通过后方可生效。

第七章 附则

第三十条 微电子学院理事会以书面文件履行职责，由北信学院二级学院代章。

第三十一条 本章程经理事大会表决通过后生效，同时在成员单位备案。

第三十二条 本章程由微电子学院理事会负责解释。

附录B　燕东微电子学院理事会成员名单

理 事 长：×××　集团公司副总裁、燕东公司董事长

副理事长：×××　北京信息职业技术学院校长

×××　北京燕东微电子有限公司总经理

常务理事：×××　北京×××大学微电子学院院长

×××　北京燕东微电子有限公司党委书记

×××　北京信息职业技术学院副校长

理　　事：×××　北京信息职业技术学院电子与自动化学院院长

×××　北京燕东微电子有限公司党委副书记

×××　北京信息职业技术学院财务处处长

×××　北京燕东微电子有限公司财务部部长

秘 书 长：×××　北京信息职业技术学院电子与自动化学院院长

副秘书长：×××　北京燕东微电子有限公司人力资源部部长

秘　　书：×××　北京信息职业技术学院微电子技术专业带头人

×××　北京燕东微电子有限公司人力资源部培训主管

附录C　燕东微电子学院组织机构成员名单

院　　长：

×××　北京信息职业技术学院校长

联席院长：

×××　北京燕东微电子有限公司总经理

教务办公室主任：

×××　北京信息职业技术学院教务处副处长

教务办公室成员：

×××　北京信息职业技术学院电子与自动化学院副院长

×××　北京燕东微电子有限公司人力资源部培训主管

×××　北京信息职业技术学院教务处干事

微电子教研室主任：

×××　北京信息职业技术学院专业带头人

附录D 燕东微电子学院经费管理办法

一、燕东微电子学院的经费由北京信息职业技术学院和北京燕东微电子有限公司共同出资。每年出资额度在预算的基础上，经燕东微电子学院理事会研究决定，每年各方出资原则上不低于×××万元。

二、北京燕东微电子有限公司出资部分应该与北京信息职业技术学院签订付款协议，款项存入北京信息职业技术学院账户，建立台账，扣除税费后的部分用于实际支出，专款专用。北京信息职业技术学院出资部分设立“燕东微电子学院运行经费”，纳入电子与自动化学院部门预算，单独作为一个项目来管理。

三、燕东微电子学院经费可用于燕东微电子学院现代学徒制外聘教师酬金支出、学生企业实习保险，燕东微电子公司职工培训教师酬金支出（×××元/课时），微电子专业课程开发和资源建设专家费支出，燕东微电子学院优秀学生奖学金，以及燕东微电子学院规定的其他支出。

四、存入北京信息职业技术学院账户的资金支出，执行北京信息职业技术学院的财务有关规定；纳入电子与自动化学院部门预算的经费支出，按照北京信息职业技术学院财务相关规定核发或报销。

五、双方当年的出资当年使用，结余资金不结转下年。

六、北京信息职业技术学院计划财务处每季度向燕东微电子学院理事会提供燕东微电子学院经费收支报表。北京信息职业技术学院计划财务处在燕东微电子学院理事会年会上做财务情况汇报。

燕东微电子学院理事会

20××年××月××日

附件E 燕东微电子学院理事会议事规则

依据燕东微电子学院章程，制定本议事规则，旨在规范理事会的工作程序和工作方法。

一、会议的召集

1．年度全体理事会会议每年召开1次，原则上每年1月中旬召开。每次会议前秘书处应将会议的时间和地点、会议议题等内容提前通过邮件通知全体理事。年度全体理事会会议由理事长召集和主持，理事长因特殊原因不能履行职责时，可以指定副理事长负责召集和主持。理事会会议应有三分之二以上（不含）的理事出席方可举行。

2．常务理事会会议每年召开2次，原则上每年3月和9月召开。每次会议前秘书处应将会议的时间和地点、会议议题等内容提前10天通过邮件通知理事长、常务副理事长、副理事长、秘书长、副秘书长、常务理事。常务理事会会议由常务副理事长负责召集和主持。

3．有下列情形之一的，理事会应在5个工作日内召集临时全体理事会会议：

（1）理事长认为有必要时；

（2）三分之一以上理事联名提议时；

（3）常务理事会提议。

二、年度全体理事会议的职责

1．聘任或解聘理事长。根据理事长提名，聘任或解聘常务副理事长、副理事长、秘书长及副秘书长。

2．审议燕东微电子学院章程及相关制度的修订。

3．审议燕东微电子学院的发展规划、年度计划、重大事项实施方案、年度工作总结等相关文件。

4．审议燕东微电子学院年度财务预算方案和决算方案。

5．审议副理事长以上成员单位资格。

6．审议年度奖学金获得者，并颁奖。

三、常务理事会议的职责

1．根据加入申请，审议理事成员单位资格；

2．根据成员单位的退出申请，审议其退出燕东微电子学院；

3．初步讨论燕东微电子学院章程、发展规划；

4．审议微电子学院的年度计划、工作总结；

5．审议年会、科研项目等重大事项实施方案；

6．审议校企合作相关制度修订草案；

7．根据考核，评选优秀学生奖学金获得者，上交年度理事会。

四、会议决策程序

1．提前10天提交议案，提交给秘书处。

2．对于重大事项，会前理事长、副理事长应提前沟通，未达成一致意见的暂不上会。

3．按照秘书处编制的议案顺序，逐个讨论，并做出决议。

4．按常务理事、副理事长、常务副理事长、理事长的顺序充分表达意见，理事长（或委托主持人）主持表决。

5．决议表决方式为举手表决。理事会按照一人一票的方式进行表决，理事会的决议须经参会理事（含代理表决）半数以上表决通过。特别重大事项（指大额资金使用、成员单位做重大投入的事项）的表决，须经全体理事三分之二以上表决通过。

6．理事因故不能出席理事会会议，可书面委托其他理事代为行使表决权。书面委托书应当载明代理人的姓名、代理事项、表决意向、委托有效期限，并由委托人签名或盖章。受委托的理事以受一人委托为限。代为出席会议的理事代理人应在授权范围内行使理事的权利。理事未出席会议，亦未委托代理人的，视为放弃投票权。

7．理事会一般按照少数服从多数的原则做出决议，由理事长（或代理主持人）宣布决议内容。特别重大事项，若有一方（指利益相关的成员单位）坚决反对，则表决不通过。

8．理事会议应有签到表，会议应有会议记录。会议记录应作为重要档案资料予以妥善保管。

9．理事会议之后的一周内，秘书处编写会议纪要，明确讨论议题和做出的决议，并经过会议主持人签字确认，在相应范围内发放。

10．会议决议应得到落实。秘书处负责根据决议整理理事会《决议通知单》，发放到相应理事或成员单位，并监督决议的落实情况。按照决议确定的相关工作进程，及时向理事长或相关理事汇报工作落实情况。

五、附则

1．本议事规则由理事会负责解释。

2．经年度全体理事会审定，可对本议事规则进行修改。

燕东微电子学院理事会

20××年×月××日

附件F　学校、企业、学生（学徒）三方协议书（参考）

甲方（学校）：×××职业技术学院

乙方（企业）：××××有限公司

丙方（学徒）：名单见签字页

根据《教育部关于开展现代学徒制试点工作的意见》和《北京信息职业技术学院现代学徒制试点实施方案》，甲乙丙三方本着合作共赢、职责共担的原则，充分发挥各自优势和潜能，创新合作机制，积极开展现代学徒制试点工作，形成校企分工合作、协同育人、共同发展的长效机制，不断提高人才培养的质量和针对性，促进职业教育主动服务当前经济社会进步，推动职业教育体系和劳动就业体系互动发展。

本着“友好合作，共同培养人才”的原则，确定在微电子技术专业领域开展现代学徒制试点项目，组建现代学徒制试点班。经甲乙丙三方协商一致，达成如下协议：

一、合作内容

甲乙双方以企业的用人招工需求为标准，制定现代学徒班招生考核标准，采用“招生即招工、入校即入厂、校企联合培养”的现代学徒制培养模式，在“合作共赢、职责共担”的基础上，组建理事会领导下的燕东微电子学院，实施校企双主体育人、学校导师和企业导师双导师教学。

甲方联合乙方共同组建现代学徒制培养领导团队、执行团队和教学团队。

甲方主导建立学生（学徒）信息档案，详细记录学生（学徒）在校学习、在企业实习实训的经历、奖惩等，便于学生（学徒）管理、测评、就业等工作的开展。

在现代学徒班中，学生与企业、学校与企业达成明确的协议和契约，形成校企联合招生、联合培养、一体化育人的长效机制，切实提高学生（学徒）的综合素质和技术技能人才的培养质量，促进就业，推进产教融合。

二、三方的权利与义务

（一）甲方的权利与义务

1．采取有效措施促进行业协会、企业等单位参与现代学徒制人才培养全过程。

2．负责现代学徒制“试点班”管理机构的筹建、学校工作人员的组成，教师队伍与专门管理人员的配备。

3．联系合作企业共同做好现代学徒制“试点班”的生源和招生计划数申报、招生宣传、生源资格审查、考核选拔与招录、转专业、学徒协议签订、中途丙方退出的善后安排、补录等招生招工工作。

4．负责现代学徒制“试点班”学生（学徒）的学籍管理、毕业资格审核、毕业证书发放及校内学习日常管理工作。

5．提供现代学徒制“试点班”校内运行所需的教学场所、教学设备，包括多媒体教室、实训室、教学器材设备等。

6．组织购买现代学徒制“试点班”学生（学徒）的在校责任险、学生意外伤害险等保险。

7．指派教师、学校行政人员到企业进行在岗工作，指派教师到企业全程参与学生教育教学管理工作，并和企业导师进行充分交流，进行专业调整与课程改革，持续改进实施学徒制专业的课程，使之更适合于学徒制教学。

8．建立奖惩制度，对学徒、下企业导师和企业指导老师举行评优活动，对于优秀的企业指导老师、下企业导师和学徒按相关奖惩制度进行表彰和奖励。

9．提供现代学徒制“试点班”办班及相关研究项目开展所需经费，并负责现代学徒制“试点班”相关各类经费的发放及现代学徒制试点工作经验的总结与推广。

10．向上级教育行政主管部门申请支持和项目申报。

（二）乙方的权利与义务

1．采取有效措施积极参与现代学徒制人才培养全过程，包括教学、管理、评价等。

2．乙方负责现代学徒制“试点班”管理机构企业方工作人员的组成，企业指导老师与管理人员的配备。

3．协助甲方共同制订专业人才培养方案，共同开发理论与技能课程体系及教材，共同做好校企“双导师”教学团队的建设与管理，共同组织考核评价，共同进行项目研发与技术服务等。

4．协助甲方制定人才培养标准、岗位技能考核评价标准，并加强对丙方的企业文化培训，职业素养、通用能力、心理素质培养、安全教育及职业生涯规划和就业创业指导。

5．协助甲方共同做好现代学徒制“试点班”的生源和招生计划数申报、招生宣传、生源资格审查、考核选拔与招录、中途丙方退出的善后安排、补录等招生招工工作。

6．与甲方联合制定招工选拔标准、师徒合同书、实习协议等。负责现代学徒制“试点班”学生（学徒）在企业实训和顶岗实习的日常管理。

7．协助甲方建设校内外实训基地，用于专业课程实训，并根据专业教学特性和丙方专业学习需求，提供现代学徒制“试点班”企业运行所需的工作场所、工作设备等。

8．负责现代学徒制“试点班”在企业技术技能教学的组织与运行，提供现代学徒制“试点班”学生（学徒）企业技术技能教学所需的学习资源，根据人才培养方案保证每学期丙方在岗工作学习时间。

9．对丙方进行在岗实训和顶岗考评工作，保存3年的评价记录。

10．合理安排教学时间，试点校企共同确定的人才培养模式；保证为丙方提供广阔的实习和就业空间，以及相应的就业岗位等。

11．负责现代学徒制“试点班”企业参与人员的津贴和其他费用的发放；协助学校进行现代学徒制试点工作经验的总结与推广。

12．负责为丙方提供在企学习期间的工装、劳动防护设施，安排工作午餐等。

13．按照国家法律法规要求，负责为丙方购买指定的保险；根据考勤和实际贡献，发放实习报酬。

14．协助学校向上级主管部门申请现代学徒制试点项目的支持及申报。

（三）丙方的权利与义务

1．丙方应严格按照甲方和乙方制定的人才培养方案，认真学习，掌握相关的技术技能；在实习期间认真做好岗位的本职工作，培养独立工作能力，刻苦锻炼和提高自己的业务技能，在企业实习、顶岗实习的实践中努力完成专业技能的学习任务。

2．丙方在学校学习期间，如因无法适应现代学徒制项目，提出转专业申请或退学申请，须经甲乙双方协商同意后方可转专业或退学。

3．丙方在校学习期间应服从甲乙双方的共同教育和管理，自觉遵守甲方制定的各项校园管理规定及各项教学安排，丙方在乙方公司实践教学期间，须遵守乙方依法制定的各项管理规定，严格保守乙方的商业秘密。

4．遵守学校学生顶岗实习的相应管理规定和要求，与校内指导教师保持联系，按照顶岗实习的教学要求做好实习日志的填写、实习报告的撰写等相关工作，并接受实习单位和学校的考核。

5．根据甲乙双方制定的考核标准参加考核，考核成绩与甲方组织的理论考试拥有同等效力，并归档作为后期选优和毕业的依据。

6．丙方在规定年限内，修完人才培养方案规定内容，达到毕业要求，准予毕业，由甲方发给丙方入学专业的毕业证书。

7．在学习期间，丙方如有以下行为，甲乙双方协商达成共识后有权将丙方劝退，由此产生的后果由丙方自行承担。

（1）在实践期间违反国家法律法规；

（2）丙方不服从甲乙双方共同制订的教学安排；

（3）严重违反甲方学生管理制度或乙方相关管理规定、劳动纪律。

8．丙方在乙方顶岗实习期间的报酬，由甲乙丙三方根据丙方在乙方实习期间所在岗位另行签订协议；原则上不低于乙方相同岗位试用期工资标准的80%。

9．在签订本协议时，丙方应该将此情况向家长汇报并征得家长同意，未满18周岁（以协议签订日为准）的学生同时需要法定监护人在合同签字处签字。

三、协议有效期限

本协议约定的有效期限为：20××年×月×日至20××年×月××日。

四、声明和保证

1．甲乙双方保证丙方在学生（学徒）三年学习期满且岗位技能全部过关，取得毕业证书，将其从学生（学徒）转为见习期的正式员工。

2．甲乙双方保证实现校企技术力量、实训设备、实训场地等资源共享。

3．甲乙双方保证丙方在实习实训中受到《职业学校学生实习管理规定》及《劳动法》《劳动合同法》的保护。

4．校企双方共同组织岗位技能、职业资格证书考核，毕业时，学徒取得中级或高级资格证书或达到行业同等水平，并与企业任职资格体系评价对接。

5．校企合作共建校内外实训基地，实现工学交替，充分利用乙方北信在线平台实现“互联网+学徒培养”。

6．甲乙双方保证在试点期间，制订学分制实施方案，实施学分制；丙方所有学习内容均由可量化为学分的模块化课程体系和岗位技能训练项目组成。

五、保密条款

在甲乙丙三方合作关系存续期间，必须对有关的保密信息（包括但不限于在此期间接触或了解到的商业秘密及其他机密资料和信息）进行保密，尤其是要对乙方的经营管理和知识产权类信息进行保密；非经其余两方书面同意，任何一方不得向任何第四方泄露、给予或转让该等保密信息。

1．保密内容：本合同约定内容。

2．涉密人员范围：微电子技术专业领域现代学徒制试点相关人员。

3．保密期限：长期。

4．泄密责任：保密方有权向泄密方所在地方法院提出诉讼。

5．保密条款具有独立性，不受本合同的终止或解除的影响。

六、违约责任

1．任何一方没有充分、及时履行义务的，应当承担违约责任；给守约方造成经济和权利损失的，违约方应赔偿守约方由此所遭受的直接和间接经济损失。

2．由于一方的过错，造成本协议及其附件不能履行或不能完全履行时，由过错的一方承担责任；如属三方的过失，根据实际情况，由三方分别承担各自应负的责任。

3．如因不可抗力导致某一方无法履行协议义务时，该方不承担违约责任，亦不对另外两方因上述不履行而导致的任何损失或损坏承担责任。

4．违反本协议约定，违约方应按照《中华人民共和国合同法》有关规定承担违约责任。

七、争议处理

1．本协议受中华人民共和国相关法律法规的约束，当对本协议的解释、执行或终止产生任何异议时，由三方本着友好协商的原则解决。

2．如果三方通过协商不能达成一致意见，三方任何一方有权提交仲裁委员会进行仲裁或依法向甲方所在地当地人民法院提请诉讼。

3．除判决书另有规定外，仲裁、诉讼费用及律师代理费用由败诉方承担。

八、协议变更与终止

1．本协议一经生效即受法律保护，任何一方不得擅自修改、变更和补充。本协议的任何修改、变更和补充均需经三方协商一致，达成书面协议。

2．本协议在下列情形下终止：

（1）合作协议期满；

（2）甲乙丙三方通过书面协议解除本协议；

（3）因不可抗力致使协议目的不能实现的；

（4）在委托期限届满之前，当事人一方明确表示或以自己的行为表明不履行协议主要义务的；

（5）当事人一方迟延履行协议主要义务，经催告后在合理期限内仍未履行；

（6）当事人有其他违约或违法行为致使协议目的不能实现的。

3．因协议期限届满以外的其他原因而造成协议提前终止时，甲乙丙三方均应提前20个工作日书面通知其他两方。

九、补充与附件

1．本协议未尽事宜由三方另行及时协商解决，补充协议或条款作为本协议一部分，与本协议具有同等法律效力。

2．本协议中的任何条款无论因何种原因完全或部分无效或不具有执行力，或违反任何适用的法律，则该条款被视为删除，但本协议的其余条款仍应有效并且具有约束力。

十、其他

1．本协议一式三份，由甲乙丙三方各执一份，经三方合法授权代表签署后生效。

2．本协议生效后，对甲、乙、丙三方都具有同等法律约束。

（以下无正文）

甲　　方：北京信息职业技术学院

委托代理人签字盖章（公章）：

日　　期：　　年　　月　　日

乙　　方：北京燕东微电子有限公司

委托代理人签字盖章（公章）：

日　　期：　　年　　月　　日

丙方（学徒）：

序号	班级	学号	姓名	性别	身份证号	签字	法定监护人签字
1							
2							
…							

附件G　微电子技术专业专业教学标准

一、专业名称

微电子技术（610103）。

二、招生对象与学制

高中或中等职业学校毕业生，三年。

三、培养目标

培养具有良好思想品质、职业道德、敬业精神和责任意识，身体健康灵活、心理素质良好，掌握集成电路版图设计方法和芯片制造、封测工艺，具有芯片生产过程的工艺加工、品量管理、设备维护、器件测量、技术服务等本专业综合职业能力，具备较强的创新能力和可持续发展能力，在集成电路制造、封测及设计企业及相关电子行业企业，从事微电子产品设计、生产、设备维护、产品营销等第一线工作的高技术技能人才。

四、职业范围

序号	专业领域或方向	典型（职业）岗位	职业资格证书（名称、等级）
1	半导体器件设计	版图设计工程师	半导体分立元器件、集成电路装调工（高级） 半导体芯片制造工（高级） 广电和通信设备电子装接工（中级） 三者至少取得一个证书
2	半导体器件制造	工艺工程师 质量工程师	
3	半导体器件封测	封装工程师 测试工程师	

五、毕业生规格

本专业毕业生应具备以下素质、知识与能力：

（一）通用能力与职业素质

（1）道德感；

（2）身心健康；

（3）信息处理能力；

（4）分析与解决问题能力；

（5）沟通与合作能力；

（6）安全与环保意识；

（7）创新能力。

（二）专业知识

（1）了解集成电路产业工作环境与要求；

（2）掌握集成电路制造工艺原理；

（3）掌握集成电路封装知识；

（4）掌握集成电路版图设计知识；

（5）掌握集成电路版图设计优化知识；

（6）掌握集成电路测试原理；

（7）掌握厂务安全和生产管理知识。

（三）职业能力

（1）半导体器件版图设计能力

（2）半导体器件制造工艺实施能力

（3）半导体器件封装与测试能力

六、职业分析

（一）职业分析表

微电子技术专业职业分析表

专项技能 综合技能		1	2	3	4	5	6	7
A	半导体器件版图设计能力	A1 能运用电路基本定律分析和计算电路参数	A2 能读懂电路原理图，对照实际电路绘制电路原理图	A3 能正确识别、检测和选用电子元器件，按照原理图进行实用电路的安装	A4 能利用半导体基本知识对器件的结构进行分析	A5 熟练使用电子测量仪器进行调试、分析并排除简单故障	A6 能利用半导体设计软件设计集成电路功能框图	A7 能利用L_edit软件进行半导体器件版图设计
B	半导体器件制造工艺实施能力	B1 能选择合适的药液操作清洗设备按照工艺要求完成半导体器件的清洗	B2 能操作扩散炉按照工艺要求完成半导体器件的氧化与扩散	B3 能操作光刻机、刻蚀机按照工艺要求完成半导体器件的光刻与刻蚀	B4 能操作溅射或蒸发设备按照工艺要求完成半导体器件的PVD	B5 能操作PECVD设备按照工艺要求完成金属膜生长	B6 能操作磨片机把芯片厚度调整到满足封装工艺要求	B7 能操作划片机把晶元片分离成单独的管芯

续表

专项技能 综合技能		1	2	3	4	5	6	7
C	半导体器件封装与测试能力	C1 能操作自动粘片机把管芯粘到框架中	C2 能操作自动键合机完成半导体器件引线连接	C3 能操作包封机用包封材料进行半导体器件包封	C4 能设置操作测试机完成晶元测试与成品测试	C5 能正确撰写测试报告报告		

（二）专项能力解析

专项技能	光刻与刻蚀工艺	编号	B3
具体描述	能操作光刻机、刻蚀机按照工艺要求完成半导体器件的光刻与刻蚀		
步骤	1．操作匀胶机在晶元片上涂光刻胶。 2．操作光刻机对涂胶晶元片进行曝光。 3．操作显影机把曝光后的晶元片在显影液中进行显影。 4．操作 CD 测试仪测试 CD 尺寸并填写测试单。 5．操作干法或湿法刻蚀机对检验合格的晶元片进行刻蚀。 6．操作去胶机去除晶元片上的光刻胶。 7．操作 CD 测试仪测试 CD 尺寸并填写测试单		
工具与设备	匀胶机、光刻机、显影机、干法/湿法刻蚀机、CD 测试仪、去胶机、烘箱		
知识基础	1．光刻工艺的原理与流程； 2．刻蚀工艺的原理与流程； 3．光刻胶的性质与使用方法； 4．显影液的作用		
通用能力 与职业素质	C1：语言文字能力 D1：科学思维能力 E2：与人合作能力 F1：安全意识 G1：批判性思维		
考核标准 （合格标准，下同）	能描述光刻胶的作用与使用方法； 能描述光刻工艺的原理与步骤； 10 分钟内操作相关设备完成 1 片晶元的涂胶或显影； 30 分钟内完成光刻机的调试与曝光前的准备； 20 分钟内完成刻蚀机的调试与刻蚀前的准备		

其他专项能力的解析限于篇幅略去。

七、专业课程设置

序号	课程类型	课程名称	参考学时
1	核心课	模拟电子技术	96
2	核心课	微电子制造工艺	64

续表

序号	课程类型	课程名称	参考学时
3	核心课	数字电子技术	64
4	核心课	集成电路版图设计技术	64
5	核心课	集成电路封装技术	64
6	核心课	FPGA 应用与开发	64
7	核心课	集成电路测试技术	64
8	专业支撑课	电路分析与测试	64
9	专业支撑课	半导体基础	64
10	专业支撑课	机械识图与绘制	64
11	专业支撑课	印制电路板设计技术	64
12	专业支撑课	专业英语	32
13	实习实训课程	燕东企业认知实习	28
14	实习实训课程	燕东岗位基础实习	56
15	实习实训课程	燕东集成电路制造工艺实习	56
16	实习实训课程	燕东半导体工艺制程实习	56
17	实习实训课程	无线电装接工（取证）实训	56
18	实习实训课程	燕东上岗（取证）实训	84
19	实习实训课程	燕东设备维修保养实习	56
20	实习实训课程	毕业设计	280
21	实习实训课程	顶岗实习	672

八、课程设置说明

（一）通用平台课程

1．数学

本课程包括初等教育、微积分和技术数学三大部分。课程的主要目的是使学生牢固掌握初等数学若干常用领域中的基础知识和基本技能及现代数学中已得到普遍应用的基本知识和方法；掌握一元函数积分的基础知识与基本运算；掌握技术数学若干领域的基本知识，并了解其使用范围；引导学生在生活实践中使用数学，在其他课程中应用数学，使学生认识到数学的实用价值和经济价值，逐步形成数学应用的意识，提高学生分

析和解决实际问题的能力。(依据教高司[2000]34 号《关于加强五年制高等职业教育管理工作的通知》)

2．科学思维训练

本课程是学院 GPTC“通用平台”素质教育公共必修课程，是思想素质、人文素质、科学思维、沟通技能、身心健康、职业能力素质教育培养目标的重要组成部分。课程的主要任务是培养学生的科学思维能力。表现在会观察、实验、比较、猜想、分析、综合、抽象和概括；会用归纳、演绎和类比进行推理；会合乎逻辑地、准确地阐述自己的思想和观点；能运用数学概念、思想和方法，辨明数学关系，形成良好的思维品质，掌握并运用数学及哲学方法来解决生活中的实际问题。

3．公共英语

本课程是学院非英语专业统一开设的公共必修课程（合作办学班除外）。本课程共分为四个模块，各个模块通过课堂听写、课堂练习、口语会话、词汇测试、听力测试、期中考试和期末考试等多种教学和考核形式，使学生掌握一定的英语基础知识和基本技能，具有一定的听、说、读、写、译的能力，从而能借助词典阅读和翻译有关实用业务方面的英语资料，在涉外交际的日常活动和业务活动中进行简单的口头和书面交流，为今后进一步提高学生英语的交际能力、学习能力和适应职业变化的能力打下基础，最终实现素质教育目标。

4．体育

本课程分为体育教学与课外体育锻炼两部分内容，严格执行教育部国家体育总局印发的《国家体质健康标准》的实施办法。根据高职教育特点，以“学生为本、树立健康第一”为指导思想，深化学校体育教学改革。按照学生体质健康标准的评价指标进行测量、建立学生健康卡片。通过传授体育知识和运动技术，使学生明确科学锻炼身体的理论和方法，增强学生体质、培养学生体育兴趣、养成自觉锻炼身体的习惯，为终身体育奠定基础。形成了以体育教学为主体、课外活动为补充、体育竞赛为手段，三位一体的学校体育。

5．思想道德修养与法律基础

本课程是高等职业学院各专业统一开设的高校思想政治理论的必修课程。课程从当代大学生面临和关心的实际问题出发，以正确的人生观、价值观、道德观和法制观教育为主线，通过理论学习和实践体验，帮助大学生形成崇高的理想信念，弘扬伟大的爱国主义精神，确立正确的人生观和价值观，牢固树立社会主义荣辱观，培养良好的思想道德素质和法律素质，进一步提高分辨是非、善恶、美丑的能力，较强自身修养，为逐步成长为德智体全面发展的社会主义事业合格建设者和可靠接班人打下坚实的思想道德和法律基础。

6．毛泽东思想和中国特色社会主义理论体系概论

本课程是高等职业学院各专业统一开设的高校思想政治理论的必修课程。课程以马克思主义中国化理论成果为主线，以建设中国特色社会主义理论为重点，使学生正确认识马克思主义的基本理论和精神实质，帮助学生树立建设中国特色社会主义的坚定信念，培养学生运用马克思主义的立场、观点和方法，分析和解决问题的能力，增强执政党的基本路线和基本纲领的自觉性和坚定性，为积极投身全面建设小康社会的伟大实践打下良好的基础。

7．职业生涯准备

本课程通过理论教学、案例分析、课堂测试等形式，帮助学生了解就业政策、就业形势、就业现状，树立正确的人生观、价值观、就业观、创业观和职业观。引导学生对个人职业兴趣、性格特征进行全面分析，并制订大学生涯规划和个人职业生涯规划，初步形成职业规划意识，指导学生克服择业和求职过程中的焦虑和恐惧心理，理清思路、准确定位，确定职业发展方向。通过体验式服务、模拟演练等教学手段培养学生的职业沟通能力、语言表达能力、团队合作精神，有效提升学生的社会适应能力、就业能力和创业能力的提高，最终实现本课程的素质教育目标。

8．心理健康教育

本课程主要内容有常见心理障碍、人际交往与心理健康、学习与心理健康、压力挫折与心理健康、情绪与心理健康、人格发展与心理健康等。本课程通过理论教学、案例分析、课堂活动、体验测试等形式，帮助学生了解心理健康的基本知识，培养正确的认识自我、认识社会的能力，学习必要的心理调控方法，培养乐观、积极的生活态度，建立和谐的人际关系，从而提高学生的心理健康水平，最终实现本课程素质教育的目标。

9．职业沟通

本课程内容包括沟通基本知识、听话技巧、说话技巧、交谈技巧、团队沟通技巧、信息的收集与整理。本课程通过理论教学、案例分析、课堂活动、体验测试等形式，帮助学生了解职业沟通的重要意义和基本方法，学习职业沟通技巧，培养职业沟通能力，进一步为学生提高综合素质，在职场中与他人进行有效沟通，提高工作效率奠定基础，最终实现本课程的素质教育目标。

10．国防教育

本课程采用讲座的形式，在学生进行军事训练的基础上，对学生开展军事理论、国防知识的教育，增强学生的爱国情操和民族意识，掌握初步的国防知识。

（二）专业核心课程

1．微电子制造工艺

本课程面向即将进入企业实习的学员，是针对集成电路工艺的前端部分的学习，了解半导体器件基本结构、半导体器件工艺的发展历史、半导体材料基本性质及半导体制造中使用的化学品。了解半导体加工的流程和工艺，主要学习包括清洗、氧化、化学气相淀积、金属化、光刻、刻蚀、掺杂和封装等几大集成电路制造工艺的工艺原理、工艺过程、工艺设备、工艺参数、质量控制及工艺模拟的相关内容。

2．模拟电子技术

本课程学习目标是识别、检测和选用电子元器件；对典型电路进行分析和计算；读懂实用电子电路原理图；对照不同电路方案分析选择性价比高的电路；使用免焊面包板按照电路原理图搭接实用电路；使用标准板和 PCB 板焊接实用电路；使用万用表、信号发生器、模拟示波器等电子测量仪器进行电路基本参数的测试；能够对制作完成的电路进行调试以满足设计要求。主要项目包括直流稳压电源的设计与制作、音频前置放大器设计与制作、功率放大器设计与制作、扩音机的安装与调试等。

3．数字电子技术

本课程学习目标是识别、检测和选用数字集成电子器件；对典型数字电路、高频电路进行分析；使用免焊面包板按照电路原理图搭接实用电路；使用标准板和 PCB 板焊接实用电路。主要项目包括计时显示电路的设计与制作、自动报时电路的设计与制作、自动报时电路的设计与制作、遥控电路的设计与制作、数字钟的安装与调试等。

4．集成电路版图设计技术

该课程是利用 EDA 设计工具，根据电路原理图将电路功能实现在半导体晶圆片上的图形设计过程。本课程主要学习 Linux 基础、版图识读与电路提取、设计规则检查（DRC）及版图与原理图一致性检查（LVS），并根据检查结果进行版图修改、标准单元版图设计等。通过本课程的学习，学生可以会用集成电路版图设计软件，掌握版图设计规则、方法。

5．微电子封装技术

课程内容包含集成电路封装和测试基础、集成电路封装工艺流程、集成电路封装类型与技术、集成电路封装测试与分析技术、集成电路封装的发展趋势五个模块，结合实际生产技术，由浅入深介绍集成电路封装各个领域的知识和技术，并了解集成电路质量保证体系和测试技术的重要性。通过本课程的学习，学生能够系统了解集成电路封装行业的发展，技术和工艺，为从事相关行业或岗位工作打下知识和技能基础。

6．微电子测试技术

课程内容包含集成电路测试概论、集成电路测试标准、集成电路测试方法、集成电路测试开发系统及集成电路芯片测试五个模块。结合实际生产技术，由浅入深介绍了集成电路制造各个环节测试的知识和技术。通过本课程的学习，学生能够系统了解集成电路测试技术的发展，掌握行业集成电路测试理论和基本技能，为从事相关行业或岗位工作打下基础。

7．FPGA 应用与开发

本课程主要学习现场可编程（FPGA）技术、Altera 主流芯片及 Altera 软件 Quartus II 知识和主流硬件描述语言等。使学生会用 Altera 软件 Quartus II 仿真数字系统，能用硬件描述语言进行简单编程并能对仿真测试结果进行正确分析。

（三）专业基础课程

1．半导体基础

本课程主要学习半导体原子状态和电子状态及各种半导体器件内部电子过程。其中半导体中的原子状态以晶体结构学和点阵动力学为基础，学习半导体中的晶体结构、晶体生长，以及晶体中的杂质和各种类型的缺陷。另外，半导体中的电子状态以固体电子论和能带理论为基础，学习半导体的电子状态，半导体的光电和热电效应、半导体的表面结构和性质、半导体与金属或不同类型半导体接触时界面的性质和所发生的过程、各种半导体器件的作用机理和制造工艺。

2．电路分析与测试

本课程的学习目标是运用电路基本定律分析和计算简单直流、交流电路参数；使用常用电工仪表测量电压、电流等基本参数；对照实际电路绘制简单直流、交流电路原理图；按照原理图进行实用电路的分析与测试；对实用电路检查分析并排除简单故障。课程教学用四个教学载体来贯穿教学内容，这四个教学载体分别为 LED 灯电路的分析与测试、充电电筒的分析与测试、家庭配电线路的分析与设计、收音机选台电路的分析与测试，最后还安排了读图、安装训练，以提高学生的技能水平。

3．印制电路板设计技术

本课程的学习目标是，能用 EDA 软件绘制电路原理图；能根据电路原理图设计单面和双面 PCB；掌握 PCB 的制作方法与生产工艺，能够根据印制电路板工艺流程制作单面和双面 PCB；能运用电磁兼容知识根据电路原理图设计多层 PCB。主要项目包括单面板的设计与制作、双面板的设计与制作和多层板的设计。

5．FPGA 技术应用

本课程主要学习复杂可编程逻辑器件（CPLD）基本知识、现场可编程（FPGA）技术、Altera 主流芯片及 Altera 软件 Quartus II 知识和主流硬件描述语言等。使学生会用 Altera 软件 Quartus II 仿真数字系统，能用硬件描述语言进行简单编程并能对仿真测试结果进行正确分析。

（四）实习实训课程

1．企业认知实习

本课程主要学习半导体技术发展史、企业发展历程，以及在长期摸索和发展过程中淬炼出的燕东公司企业文化和愿景。课程的意义在于使每位学员形成初步职业定位和职业规划。

2．岗位基础实习

本课程着重介绍各个岗位的基本技能要求及其相关基础知识，帮助学员尽快熟悉工艺线和岗位职责。

3．半导体工艺制程实习

课程来自生产线各工艺模块的实际项目，如工艺异常对应、工艺攻关、新工艺导入、工艺改进等。学员需参与其中，活用系列课程中学到的基础知识，做到理论联系实际。最终项目结束时参与人员要形成报告。工艺实习后将初步确定学员的发展方向：如工艺、设备、封测、设计等。

4．集成电路制造工艺实习

各位学员将在各个岗位进行轮岗学习和实习，根据各学员的表现综合前面的学习效果和成绩，将为各位学员定岗。本课程针对定位为**工艺**方向的学员，通过轮岗学习将了解全线工艺概况。

5．设备维修保养实习

各位学员将在各个岗位进行轮岗学习和实习，根据各学员的表现综合前面的学习效果和成绩，将为各位学员定岗。本课程针对定位为**设备**方向的学员，通过轮岗学习将了解全线设备概况，并能进行简单的设备清洁保养或维护工作。

6．无线电装接工（取证）实训

本课程训练学生熟练掌握基本的手工焊接技术，即对焊接原理、焊接器件、焊接过程、焊接方法、焊接质量等方面的知识与操作技能有全面的掌握。考取工业和信息化部颁发的《广电和通信设备电子装接工（中级）》证书。

7．毕业设计

毕业设计着重培养学生运用所学知识，分析和解决实际问题的能力，为今后从事微电子技术相关工作打下良好的基础。毕业设计的任务包括选题、查阅文献数据、方案设计、理论分析、电路设计与制作、计算机仿真、计算机编程等。鼓励学生到企业参加实际工程设计任务。毕业设计完成后，学生需提交毕业设计论文，进行毕业答辩。

九、教学计划表

微电子技术专业三年制教学计划表（610103）

序号	课程类型	课程性质	课程属性	课程名称	课程英文名称	授课类型	考试考查	统考学期	课程学分	学时分配			每学期周学时分配					
										理论	实践	小计	一	二	三	四	五	六
													16	16	16	14	0	0
1	通用平台基础课程	必修	GP	公共英语 1	Public English 1	A	考试	1	4	64	0	64	4					
2			GP	公共英语 2	Public English 2	A	考查	—	2	32	0	32		2				
3			GP	体育 1	Physical Education1	C	考查	—	2	2	30	32	2					
4			GP	体育 2	Physical Education2	C	考查	—	2	2	30	32		2				
5			GP	体育 3	Physical Education3	C	考查	—	2	2	30	32			2			
6			GP	思想道德修养与法律基础 1（含形势与政策）	Ethic Cultivation and Law Fundamental1	A	考查	—	2	32	0	32	2					
7			GP	思想道德修养与法律基础 2（含形势与政策）	Ethic Cultivation and Law Fundamental2	A	考查	—	2	32	0	32		2				
8			GP	毛泽东东思想和中国特色社会主义理论体系概论 1（含形势与政策）	Introduction to Mao Zedong's Thought and Socialist Theories with Chinese Characteristics1	A	考查	—	2	32	0	32			2			
9			GP	毛泽东东思想和中国特色社会主义理论体系概论 2（含形势与政策）	Introduction to Mao Zedong's Thought and Socialist Theories with Chinese Characteristics2	A	考查	—	2	32	0	32				2		
10			GP	职业生涯规划	Career Planning	A	考查	—	2	32	0	32	2					
11			GP	创新创业教育与实务	Innovation and Entrepreneurship Education and Practice	A	考查	—	2	32	0	32		2				
12			GP	心理健康教育	Mental Health Education	A	考查	—	2	32	0	32	2					
13			GP	国防教育	National Defense Education	A	考查	—	2	32	0	32		2				
14			GP	劳动教育实践	National Defense Education	A	考查	—	2	16	16	32		2				
			GP	通用平台基础课程（全校统一）					30									

续表

序号	课程类型	课程性质	课程属性	课程名称	课程英文名称	授课类型	考试考查	统考学期	课程学分	学时分配			每学期周学时分配					
										理论	实践	小计	一	二	三	四	五	六
													16	16	16	14	0	0
15	通用平台特色课程	必修	GP	应用数学 1	Applied Mathematics1	A	考查	—	2	32	0	32	2					
16			GP	应用数学 2	Applied Mathematics2	A	考查	—	2	32	0	32		2				
17			GP	科学思维训练	Scientific Thinking Training	A	考查	—	2	32	0	32			2			
18			GP	行动导向学习训练	Action-oriented Learning and Training	A	考查	—	2	32	0	32				2		
			GP	院系级通用平台课程（院系选配 8 学分）					8									
1	通用平台拓展课程	选修	GP	通用平台拓展课程建议最低要求学分（选修）					10					4	4	2		
通用平台课程小计（最低要求学分）									48	502	106	608	14	14	6	4	0	0
1	专业核心课程	必修	TC	模拟电子技术	Analog Electronic Technology	B3	考试	2	6	0	96	96		6				
2			TC	微电子制造工艺	Microelectronic manufacturing process	B2	考试	2	4	44	20	64		4				
3			TC	数字电子技术	Digital Electronic Technology	B3	考试	3	4	0	64	64			4			
4			TC	集成电路版图设计技术	Integrated Circuit Layout Design	B3	考试	4	4	0	64	64				4		
5			TC	集成电路封装技术	Integrated Circuit Packaging	B2	考试	3	4	44	20	64			4			
6			TC	FPGA 应用与开发	FPGA Application and Development	B3	考试	4	4	0	64	64				4		
7			TC	集成电路测试技术	Integrated Circuit Testing	B2	考试	4	4	44	20	64				4		
核心技术课程小计（最低要求学分）									30	132	348	480	0	10	8	12	0	0
1	专业基础课程	必修	TC	电路分析与测试	Circuit Analysis and Testing	B2	考试	1	4	42	22	64	4					
2			TC	半导体基础	Semiconductor Base	A	考试	1	4	64	0	64	4					
3			TC	机械识图与绘制	Mechanical Map Recognition and Drawing	B1	考查	/	4	42	22	64			4			
4			TC	印制电路板设计技术	Printed Circuit Board Design Technology	B1	考试	3	4	44	20	64			4			
5			TC	专业英语	Professional English	A	考查	/	2	32	0	32				2		
专业基础课程小计（最低要求学分）									18	224	64	288	8	0	8	2	0	0
1	实习实训课程	必修	TC	燕东企业认知实习	Yandong Enterprise Cognition Practice	C	考查	/	1	0	28	28	1W					
2			TC	燕东岗位基础实习	Yandong Post Basic Internship	C	考查	/	2	0	56	56		2W				
3			TC	燕东集成电路制造工艺实习	Yandong Integrated Circuit Manufacturing Process Practice	C	考查	/	2	0	56	56			2W			
4			TC	燕东半导体工艺制程实习	Yandong Semiconductor Process Internship	C	考查	/	2	0	56	56				2W		
5			TC	无线电装接工（取证）实训	Electronic Equipment Installation (Forensics) Training	C	考查	/	2	0	56	56					2W	

续表

序号	课程类型	课程性质	课程属性	课程名称	课程英文名称	授课类型	考试考查	统考学期	课程学分	学时分配			每学期周学时分配					
										理论	实践	小计	一	二	三	四	五	六
													16	16	16	14	0	0
6	实习实训课程	必修	TC	燕东上岗（取证）实训	Yandong Induction(Evidence) Training	C	考查	/	3	0	84	84					3W	
7			TC	燕东设备维修保养实习	Yandong Equipment Maintenance Practice	C	考查	/	2	0	56	56					2W	
8			TC	毕业设计	Graduation Project	C	考试	/	10	0	280	280					5W	7W
9			TC	顶岗实习	Internships	C	考查	/	24	0	672	672					8W	16W
实习实训课程小计（最低要求学分）											1344	1344	0	0	0	0	0	0
1	专业拓展课程	选修	TC	专业拓展课程建议最低要求学分（选修）					6					2	2	2		
合　计									150	858	1862	2720	22	24	22	18	0	0

十、教学计划说明

（一）毕业生学分要求

本专业学生修满 150 学分方可毕业。其中通用平台课程 48 分，核心技术课程 30 分，专业基础课程 18 分，实习实训课程 48 分，专业拓展课程 6 分。为保证专业人才培养质量，学生必须修习以下课程：

序号	必须修习课程名称	学分
1	思想道德修养与法律基础（含形势与政策）	4
2	毛泽东东思想和中国特色社会主义理论体系概论（含形势与政策）	4
3	模拟电子技术	6
4	微电子制造工艺	4
5	数字电子技术	4
6	集成电路版图设计技术	4
7	集成电路封装技术	4
8	FPGA 应用与开发	4
9	集成电路测试技术	4
10	毕业设计	10

（二）多证书要求

微电子技术专业学生毕业前应取得电子专业相关职业资格证书，如半导体分立元器件、集成电路装调工（高级）、半导体芯片制造工（高级）、广电和通信设备电子装接工（中级）等。

十一、专业教师要求

1．专任教师任职的基本条件

（1）微电子、电子学与通信相关专业大学本科及以上学历，中级以上职称，取得高等学校教师资格证书。

（2）具备良好的思想政治素质和职业道德，遵守宪法和法律，贯彻国家教育方针，履行《教师法》和学校规定的各项义务，能够爱岗敬业、为人师表、教书育人、管理育人。

（3）具有较强的实践能力，取得相关专业国家职业资格证书，或者行业的认证证书。

2．实验实训指导教师任职的基本条件

（1）微电子、电子学与通信相关专业大学本科及以上学历，初级以上职称，取得高等学校教师资格证书；

（2）具备良好的思想政治素质和职业道德，遵守宪法和法律，贯彻国家教育方针，履行《教师法》和学校规定的各项义务，能够爱岗敬业、为人师表、教书育人、管理育人。

（3）具有较强的实验实训指导能力，取得相关专业国家职业资格证书，或者行业的认证证书。具有一定的工程实践能力。

3．兼职教师任职的基本条件

（1）微电子、电子学与通信相关专业大学本科及以上学历，工程师以上职称。

（2）具备良好的思想政治素质和职业道德，遵守宪法和法律，贯彻国家教育方针，能够爱岗敬业、为人师表、教书育人、管理育人。

（3）具有较强的工程实践能力，2 年以上专业工程实践，取得相关专业国家职业资格证书，或者行业的认证证书。

十二、实训基地要求

（一）校内实训基地

序号	技术中心名称	实验／实训室名称	实验／实训项目名称	主要设备要求
1	微电子技术中心	电工技术实验室	电工技术实验 电路基础实验	电工技术实验台
2		电子电路设计与制作实训室	电子电路设计与制作实训	直流电压源、示波器、晶体管电压表、函数信号发生器等

续表

序号	技术中心名称	实验 / 实训室名称	实验 / 实训项目名称	主要设备要求
3		电子测量技术实训室	电子测量实验	各种电源、信号源、示波器、扫频仪
4		版图设计实训室	集成电路版图设计项目	计算机、Cadence 软件
5		快速封装实训室	集成电路快速封装项目	切片机、粘片机等
6	微电子 技术中心	EDA 技术实训室	电子仿真设计实训 FPGA 应用实验	计算机、仿真软件、FPGA 开发板
7		集成电路测试实训室	集成电路测试项目	计算机、高性能示波器、数字分析仪、PXI 测试台、任意波形信号发生器
8		电子产品装配与维修实训室	电子产品设计与制作项目 电子整机装配与维修实训	电子整机装配与维修工作台 高性能电子测量仪器
9		电工技能实训室	电工技能实训	常用电工器材与工具

（二）校外实训基地

名称：微电子技术校外实训基地——北京燕东微电子有限责任公司

项目：企业生产实习，顶岗实习。（在微电子产品生产线上实习）

时间：前 2 年校内/厂内课程工学交替。校内课程注重基础知识的学习与基础技能的培养，并贯穿通用能力素质培养。厂内学徒课程采用轮岗制，注重基本工艺与技能的培养。

最后 1 年顶岗实习，根据评价考核和自主选择，引导学生“定岗实习”，并考取相应的上岗资格证。

附件 H　课程标准示例

《数字电子技术》课程标准

学分：4

参考学时：64

一、课程概述

1．课程性质

《数字电子技术》是电子信息工程技术、微电子技术等专业的一门职业核心课程，目的是培养学生从事电子技术类工作的核心职业能力，在本课程中体现为实用电子电路设计与制作的能力。

2．设计思路

《数字电子技术》以真实的电子产品为载体，强调以工作过程作为学生的主要学习手段，采用项目教学法，融教、学、做为一体，让学生“在学中做，在做中学”，通过实际分析、设计、制作和调试实用电子产品，使学生真正掌握现代电子技术专业技能，以满足社会对高技能人才的要求。

本课程采用工学结合的教学模式，采用项目教学法，教学活动参照企业岗位的工作过程，大体按照：“1.获取信息，明确任务。2.制订计划，安排进度。3.选择方案，做出决策。4.任务实施，完成工作。5.对照要求，检查控制。6.总结评估，提出改进。”六个教学步骤来设计。

对每一个项目，具体的教学过程如下：

（1）明确任务，制订计划；

（2）按照任务要求设计电路；

（3）制作、调试电路：

（4）根据技术指标要求验收电路；

（5）撰写报告；

（6）答辩；

（7）评估并提出改进意见。

本课程通过完成 1 个典型工作任务（典型电子产品），达到培养学生实用电子线路设计与制作能力的目的。

典型工作任务：数字电子钟的设计与制作。

该任务包含3个子任务：

（1）计时、显示电路的设计与制作；

（2）脉冲信号产生电路的设计与制作；

（3）数字电子钟的安装与调试。

本课程采用项目教学法，每项子任务就是一个项目。

数字钟是一种常用的电子产品，包括计时电路、显示电路、自动报时电路、校时电路、脉冲信号产生电路、遥控电路等，用到了触发器、计数器、编码器、译码器、显示器、数据选择器、数据分配器等多种数字元器件，覆盖了组合电路和时序电路的大部分内容，具有较强的实用性。

通过完成典型电子产品的设计和制作，不仅培养了学生设计和制作实用电子电路的能力，同时也使学生了解了工作过程的规律，在完成任务的同时掌握了工作方法。

二、课程目标（职业能力目标）

（1）能正确识别、检测和选用常用电子元器件。

（2）能对典型电子电路进行分析和计算。

（3）能读懂实用电子电路原理图。

（4）能对照不同电路方案分析选择性价比高的电路。

（5）能够按照电路原理图在免焊面包板上搭接实用电路。

（6）能够按照电路原理图焊接实用电路。

（7）熟练使用万用表、信号发生器模拟示波器等电子测量仪器进行电路基本参数的测试。

（8）能够对制作完成的电路进行调试以满足设计要求。

三、能力解析表

能力目标	能够识别、检测和选用电子元器件	编号	1（A7）
具体描述	能够识别电阻、电容、电感、二极管、三极管、等元器件，利用万用表判断电阻、电容、电感、二极管、三极管、集成电路等元器件的性能，并能判断二极管、三极管的类型和极性；能够识别各种常用的集成电路（集成运放、集成功放、集成稳压器、集成门电路、集成触发器、编码器、译码器、计数器、寄存器、555 定时器、A/D、D/A 转换器等），了解其功能；能够按照电路要求正确选用电子元器件		
步骤	1. 明确元器件类别、型号； 2. 判断元器件好坏； 3. 检测元器件基本功能参数； 4. 按照电路要求正确选用元器件		
工具与设备	万用表		
知识基础	1. 电子分立元器件原理； 2. 万用表的使用方法		
通用能力与职业素质	C2：信息处理能力； D1：科学思维能力		
考核标准	1. 正确识别电阻、电容、电感、二极管、三极管、常用集成电路等元器件； 2. 使用万用表正确判断 R、L、C、二极管和三极管等元器件的性能好坏，读出 R、L、C 的数值，判断二极管、三极管的类型和极性； 3. 正确说明常用集成电路的功能		

能力目标	能对典型电路进行分析和计算	编号	2（A8）
具体描述	会分析各种放大电路、信号产生电路、频率变换电路、逻辑电路的工作原理，并能进行相关计算		
步骤	1. 明确电路的功能； 2. 了解电路的工作原理； 3. 进行相关计算		
工具与设备	电子元器件手册		
知识基础	1. 电路工作原理； 2. 元器件使用知识； 3. 电路计算方法		
通用能力与职业素质	C1：语言文字能力； D1：科学思维能力； G1：批判性思维		
考核标准	1. 正确说出所给典型电路的名称和功能； 2. 简单分析给定电路的工作原理； 3. 进行有关计算		

能力目标	能够读懂实用电子电路原理图	编号	3（A9）
具体描述	了解并分析给定基本单元电路的功能，正确判断电路中各元器件的作用，明确电路各部分的连接关系，并能进行相关计算		
步骤	1．识别电子元器件符号； 2．明确元器件连接关系； 3．判断图中各元器件所起的作用； 4．明确单元电路的功能		
工具与设备	电子元器件手册		
知识基础	1．晶体管放大电路； 2．集成运算放大器； 3．功率放大器； 4．稳压电源； 5．滤波器电路； 6．编、译码器； 7．触发器； 8．计数器； 9．寄存器； 10．555 定时器		
通用能力与职业素质	C2：信息处理能力； D1：科学思维能力； E1：沟通交流能力		
考核标准	1．能够说出给定的单元电路的功能（元器件个数在 20 个以内）； 2．能够说明该电路中主要电子元器件的作用		

能力目标	能对照不同电路方案分析选择性价比高的电路	编号	4（A10）
具体描述	能够根据实际需要，从几种不同的电路方案中选择出性价比较高的电路		
步骤	1．了解所需电路的指标要求； 2．了解给出的几种电路方案的性能； 3．市场调研，了解元器件的价格； 4．综合分析，选择性价比较高的电路		
工具与设备	电子元器件手册		
知识基础	1．电子元器件基本知识； 2．识图能力； 3．实用电路的性能		
通用能力与职业素质	C2：信息处理能力； D1：科学思维能力； E1：沟通交流能力； F2：环保意识； G1：批判性思维		

续表

能力目标	能对照不同电路方案分析选择性价比高的电路	编号	4（A10）
考核标准	1．正确说出所需电路的指标要求； 2．比较给出的几种方案的性能； 3．能够通过市场调研计算不同电路方案的价格； 4．选择出性价比较高的电路		

能力目标	能够按照电路原理图在免焊面包板上搭接实用电路	编号	5（A11）
具体描述	能够按照原理图在免焊面包板上搭接和调试二极管整流电路、三极管放大电路、直流稳压电源电路、音频前置放大器电路、供方电路、数字电子钟的各部分单元电路、振荡电路等实用电路		
步骤	1．读懂电路原理图，明确电路的功能； 2．明确免焊面包板的用法； 3．根据电路指标要求选择电路元器件； 4．按照电路图搭接电路； 5．调试电路； 6．完成操作报告		
工具与设备	1．电子元器件手册； 2．任务指导书和电路图； 3．各种元器件（电阻、电容、电感、二极管、三极管、集成电路等）； 5．各种仪器（直流稳压源、信号发生器等）； 6．测量仪表（万用表、示波器等）		
知识基础	1．电路工作原理； 2．元器件使用知识； 3．各种仪器仪表的使用方法		
通用能力与职业素质	C1：语言文字能力； D1：科学思维能力； E2：与人合作能力； F2：环保意识		
考核标准	在给定的时间内： 1．选择正确的元器件； 2．正确搭接电路； 3．调试电路； 4．完成项目报告		

能力目标	能够按照电路原理图焊接实用电路	编号	6（A12）
具体描述	能够按照电路原理图在标准板和 PCB 板上焊接直流稳压电源电路、音频前置放大器电路、功率放大器电路、数字钟电路、调制和解调电路等		
步骤	1．读懂电路原理图，明确电路的功能； 2．正确选用电烙铁； 3．根据电路指标要求选择电路元器件； 4．按照电路图焊接电路； 5．完成操作报告		

续表

能力目标	能够按照电路原理图焊接实用电路	编号	6（A12）
工具与设备	1．电子元器件手册； 2．任务指导书和电路图； 3．各种元器件（电阻、电容、电感、二极管、三极管、集成电路等）； 5．各种仪器（直流稳压源、信号发生器等）； 6．测量仪表（万用表、示波器等）		
知识基础	1．电路工作原理； 2．电路焊接方法； 3．元器件使用知识； 4．各种仪器仪表的使用方法		
通用能力 与职业素质	C1：语言文字能力； D1：科学思维能力； E2：与人合作能力； F2：环保意识		
考核标准	在给定的时间内： 1．选择正确的元器件； 2．正确焊接电路，要求布局合理，美观； 3．调试电路； 4．完成项目报告		

能力目标	熟练使用万用表、信号发生器、模拟示波器等 电子测量仪器进行电路基本参数的测试	编号	7（A13）
具体描述	能够使用万用表、信号发生器、模拟示波器等电了测量仪器等测试电路的各项指标		
步骤	1．确定测试指标； 2．根据指标要求，选择测量仪器； 3．校准测量仪器； 4．连接测试电路； 5．测试； 6．记录测试结果； 7．提交测试报告		
工具与设备	1．相关测量仪器（万用表、信号发生器、模拟示波器等）； 2．测试探头		
知识基础	1．测量仪器、仪表的基本原理及使用方法； 2．指标测试方法		
通用能力 与职业素质	D1：科学思维能力； E1：沟通交流能力； F1：安全意识		
考核标准	1．在给定的时间内，正确校准、使用测量仪器； 2．正确连接测试电路； 3．在给定时间内，测量电路的两项指标； 4．测试结果正确		

能力目标	能够对制作完成的电路进行调试以满足设计要求	编号	8（A14）
具体描述	根据技术指标，调试已焊接好的电路板，以达到设计要求		
步骤	1．读懂电路原理图，明确电路的功能； 2．正确连接电路； 3．根据技术指标要求，调试点路并记录； 4．整理调试记录		
工具与设备	1．已焊接好的电路板； 2．万用表； 3．示波器； 4．信号发生器； 5．焊接工具		
知识基础	1．电路基本原理； 2．电路测量方法		
通用能力与职业素质	C1：语言文字能力； D1：科学思维能力； E2：与人合作能力； F1：安全意识； G1：批判性思维		
考核标准	1．正确使用测量仪器； 2．正确连接电路； 3．能够调试电路，达到技术指标的要求； 4．记录调试数据		

四、课程内容

1．基本内容架构

典型工作任务：数字电子钟的设计与制作

序号	教学任务	教学活动	教学方法	学时
1	计时、显示电路的设计与制作	1.1 明确任务，制订计划，安排进度	讲授、讨论	1
		1.2 数制与码制	讲授	1
		1.3 逻辑门电路	教、学、做一体	4
		1.4 逻辑代数基础	讲授	2
		1.5 组合逻辑电路的分析与设计方法	教、学、做一体	4
		1.6 编码器、译码器功能	教、学、做一体	4
		1.7 数据选择器和分配器的功能	讲授	2
		1.8 触发器的特性及表示方法	教、学、做一体	4

续表

序号	教学任务	教学活动	教学方法	学时
1	计时、显示电路的设计与制作	1.9 计数器的功能及使用方法	教、学、做一体	4
		1.10 计时、显示电路的制作和调试	教、学、做一体	8
		1.11 项目验收，答辩，提出改进建议	实操、师生交流	4
		1.12 A/D、D/A 转换原理	讲授	2
小　计				40
	脉冲信号产生电路的设计与制作	2.1 明确任务，制订计划，安排进度	讲授，讨论	1
		2.2 多谐振荡器	教、学、做一体	3
		2.3 脉冲信号产生电路的制作和调试	教、学、做一体	4
		2.4 项目验收，答辩，提出改进建议	实操，师生交流	2
小　计				10
3	数字钟的安装与调试	4.1 数字钟的安装与调试	教、学、做一体	8
		4.2 项目验收、答辩，提出改进建议	实操、师生交流	6
小　计				14
总　计				64

2．主要内容与要求

项目 1：计时/显示电路的设计与制作

1.1 明确任务，制订计划，安排进度

（1）读懂并理解项目任务书中所描述的任务目标及要求；

（2）制订工作计划，安排工作进度。

1.2 数制与码制

（1）学习数字电路的特点，认识模拟信号与数字信号；

（2）能够正确进行数制的转换；

（3）能够熟练运用 8421BCD 码。

1.3 逻辑门电路

（1）学习三种基本逻辑关系和复合逻辑关系；

（2）能够正确叙述和测试常用门电路的功能。

1.4 逻辑代数基础

（1）熟悉逻辑函数常用的几种表达方法；

（2）能够正确运用公式法化简逻辑函数。

1.5 组合逻辑电路的分析与设计方法

（1）能够分析和设计简单的组合逻辑电路；

（2）设计四位加法器，并画出电路图。

1.6 编码器、译码器的功能

（1）能够正确叙述编码器、显示译码器的功能；

（2）能够正确认识和选用编码器、译码器和数码管。

1.7 数据选择器和分配器的功能

（1）能够正确叙述数据选择器和分配器的功能；

（2）能够正确使用数据选择器和分配器。

1.8 触发器的特性及表示方法

（1）能够正确叙述基本 RS 触发器、JK 触发器、D 触发器的功能；

（2）能够正确写出 JK 触发器、D 触发器的特性方程。

1.9 计数器的功能及使用方法

（1）能够正确叙述集成计数器的功能；

（2）能够用集成计数器构成 N 进制计数器。

1.10 计时/显示电路的制作与调试

（1）能够正确识别和选用计数器、译码器等元器件；

（2）能够按照电路图在面包板上插接计时、显示电路；

（3）能够利用万用表对电路进行测试；

（4）能够对制作完成的电路进行调试以满足设计要求。

1.11 项目验收，答辩，提出改进建议

（1）能够分析计时、显示器的工作原理，进一步了解电路各部分的作用，并能正确回答问题；

（2）针对本人的项目成果，提出改进意见。

1.12 A/D、D/A 转换原理

能够正确叙述 A/D、D/A 转换器的工作原理。

项目 2：脉冲信号产生电路的设计与制作

3.1 明确任务，制订计划，安排进度

（1）读懂并理解项目任务书中所描述的任务目标及要求。

（2）制订工作计划，安排工作进度。

3.2 多谐振荡器

（1）能够正确叙述 555 定时器的功能；

（2）能够正确画出 555 定时器构成的多谐振荡器的电路图；

（3）能够正确画出集成运放构成的多谐振荡器的电路图；

（4）能够正确画出晶体振荡器构成的多谐振荡器的电路图；

（5）能够用计数器和门电路构成分频器。

3.3 脉冲振荡电路的制作与调试

（1）能够根据性价比选用合适的电路；

（2）能够正确认识和选用元器件；

（3）能够用计数器、晶体振荡器构成脉冲振荡电路；

（4）能够对制作完成的脉冲振荡电路进行调试以达到设计要求。

3.4 项目验收，答辩，提出改进建议

（1）能够分析脉冲振荡电路的工作原理，正确叙述选择电路的理由，并能正确回答问题；

（2）针对本人的项目成果，提出改进意见。

项目 3：数字钟的安装与调试

3.1 数字钟的安装、调试

（1）能看懂数字钟电路的电路图；

（2）按照电路图焊接电路；

（3）能够对制作完成的电路进行调试以满足设计要求。

3.2 项目验收，答辩，提出改进建议

（1）能够正确分析数字电子钟电路的工作原理，正确叙述电路中各部分的作用，并能正确回答问题；

（2）针对本人的项目成果，提出改进意见。

五、考核方案

（一）职业能力目标考核方案

本课程注重学生学习过程的考评。分两个学期完成。

每个项目均要提交工作计划、电路实物、项目设计报告，并进行答辩，最终以学生实际任务的完成情况、项目报告撰写情况和答辩情况作为学业评价依据。

总成绩的构成：

完成 1 个典型工作任务，共包括 3 个项目，分别考评。项目考评成绩占总成绩的 60%。

期末安排一次理论测验，试卷成绩分别占总成绩的 30%。

平时成绩占总成绩的 10%。

即总成绩=平时成绩 10%+项目考评成绩 60%+考试成绩×30%。

序号	职业能力目标	考核标准	考核方式	证据材料
1	能正确识别、检测和选用常用电子元器件	1．正确识别电阻、电容、电感、二极管、三极管、常用集成电路等元器件。 2．使用万用表正确判断 R、L、C、二极管和三极管等元器件的性能好坏，读出 R、L、C 的数值，判断二极管、三极管的类型和极性。 3．正确说明常用集成电路的功能	现场操作 答辩 笔试	答辩记录 操作记录 试卷

续表

序号	职业能力目标	考核标准	考核方式	证据材料
2	能对典型电子电路进行分析和计算	1．正确说出所给典型电路的名称和功能； 2．简单分析给定电路的工作原理； 3．进行有关计算	笔试	试卷
3	能读懂实用电子电路原理图	1．能够说出给定单元电路的功能（元器件个数在20个以内）。 2．能够说明该电路中主要电子元器件的作用	答辩 笔试	答辩记录 试卷
4	能对照不同电路方案分析选择性价比高的电路	1．正确说出所需电路的指标要求； 2．比较给出几种方案的性能； 3．能够通过市场调研计算不同电路方案的价格； 4．选择出性价比较高的电路	项目制作 答辩	项目制作实物 答辩记录
5	能够按照电路原理图在免焊面包板上搭接实用电路	在给定的时间内： 1．选择正确的元器件； 2．正确搭接电路； 3．调试电路； 4．完成项目报告	项目制作	项目制作实物 项目报告
6	能够按照电路原理图焊接实用电路	在给定的时间内： 1．选择正确的元器件； 2．正确焊接电路，要求布局合理，美观； 3．调试电路； 4．完成项目报告	项目制作	项目制作实物 项目报告
7	熟练使用万用表、信号发生器模拟示波器等电子测量仪器进行电路基本参数的测试	在给定的时间内： 1．正确校准、使用测量仪器； 2．正确连接测试电路； 3．测量电路的两项指标； 4．测试结果正确	项目制作 现场操作	项目制作实物 操作记录
8	能够对制作完成的电路进行调试以满足设计要求	1．正确使用测量仪器； 2．正确连接电路； 3．能够调试电路，达到技术指标的要求； 4．记录调试数据	项目制作、调试 现场操作	调试完成的电路实物 调试记录

（二）通用能力与职业素质目标考核方案

《数字电子技术》主要考核C_2、D_1、E_2、F_2、G_1。

分类		通用能力与职业素质	考核标准	考核方式
A	A1	爱心意识	1．懂得感恩，有同情心； 2．有羞耻感，学会自尊、自强； 3．能够自觉遵守公民道德规范	

续表

分类		通用能力与职业素质	考核标准	考核方式
A	A2	责任意识	1．能够自觉遵守法律法规，自觉遵守社会规范； 2．在学习和工作中，遵守各项规章制度； 3．履行职责，既对自己负责，也能够主动服务团队和集体	
B	B1	身体健康	1．合理安排作息时间； 2．养成锻炼身体的习惯； 3．养成科学的饮食习惯	
	B2	情绪调控能力	1．能够正常表达自己的情感； 2．面对突发事件，能够有效克制情绪； 3．学会正确的心理调适方法	
C	C1	语言文字能力	1．发音准确，口头表达条理清晰； 2．书面表达字迹工整、语句通顺、含义清楚； 3．书面文体符合规范	
	C2	信息处理能力	1．能够借助图书馆、互联网等媒介有效获取信息； 2．能够借助团队或他人有效获取信息； 3．能够对信息进行加工整理，并合理使用	项目制作
D	D1	科学思维能力	1．能够运用逻辑思维方法进行问题研究； 2．能够运用数学方法进行基本计算和定量分析； 3．能够针对问题提出合理、有效的解决方案	项目制作 理论考试
	D2	自主学习能力	1．能够合理制订学习计划； 2．能够有效执行计划，并根据情况变化进行调整； 3．能够不断改进学习方法	
E	E1	沟通交流能力	1．养成认真倾听的习惯； 2．能够正确理解他人的问题； 3．能够正确表达自己的意见	
	E2	与人合作能力	1．尊重他人，服从权威； 2．能够与他人有效沟通； 3．作为团队成员能够主动履职、互相配合	分组讨论 项目制作
F	F1	安全意识	1．能够在工作场所按照安全规范穿戴和使用劳动防护用品； 2．具有安全操作意识，按照安全规范使用各种工具及设备； 3．具备对触电、起火、雷击等事故的应急处理能力	
	F2	环保意识	1．能够自觉保持、主动维护学习和工作场所的环境卫生； 2．能够自觉保持工作服装等用品的卫生整洁； 3．在学习和工作中，表现出节能、环保意识	工具、仪器使用 项目制作
G	G1	批判性思维	1．勇于质疑和表达观点； 2．在质疑的同时，能进一步提出建设性意见	项目制作
	G2	就业与创业意识	1．对自己的职业生涯发展有着明确的认识； 2．能够为将来的就业与创业做积极准备	

六、教学文件资源开发意见

1．课程教学设计方案编写意见

采用项目教学法，在整个教学过程中，理论知识的学习要伴随任务的实施，课堂活动应体现融“教、学、做于一体”的教学思路，教学活动参照企业岗位的工作过程，大体按照：“1.获取信息，明确任务。2.制订计划，安排进度。3.选择方案，做出决策。4.任务实施，完成工作。5.对照要求，检查控制。6.总结评估，提出改进。”六个教学步骤来设计，使学生了解工作过程的规律，在完成任务的同时掌握工作方法

2．项目任务书（教学案例集）、校本教材等教学资源开发思路与意见

（1）项目任务书

① 项目任务书中要明确给出项目名称、应达到的能力目标、时间进度要求。

② 项目任务书中要明确任务的主要技术指标、任务内容、任务要求。

③ 以真实工作任务为依据，遵循教学规律，精选任务内容。

④ 聘请企业技术人员参与项目任务书的开发。

⑤ 明确考核要求和考核标准。

（2）项目指导书

项目指导书应在学习内容、电路设计方法、电路制作方法、电路调试方法、容易出现的问题及如何解决等方面给学生以指导。

（3）教材

按照本课程标准的要求编写教材《电子电路设计制作与调试》

① 教材要保持课程理论知识的连续性，遵循教学规律，精选教学内容。

② 以真实工作任务为依据，编写电子技术应用项目。

③ 聘请企业技术人员参与讲义的编写

3．网络课程相关文件的开发思路与意见

（1）网络课程中应包括课程标准、课程设计方案、项目任务书、项目指导书、学习指南、习题库、答疑等内容。

（2）网络课程资源应便于学生自学

七、教学资源使用建议

1．教学实施资源使用建议

教学组织：

采用项目教学法，融教、学、做为一体。

理论与实践教学的比例大致为1:2。

理论授课每班安排一名教师。

实践教学每位老师指导20人，学生实操过程1人/组。

每周4学时，4节连排。

学习环境：

一体化教学方式，教学场地：实用电子电路设计与制作实训室。

使用设备：

面包板、标准焊接电路板、电子元器件、万用表、直流稳压电源、低频信号发生器、示波器、焊接工具等

2．教学文件资源使用建议

项目开始前发给学生项目任务书和项目指导书，便于学生查阅资料，设计、选择合适的电路。

附件 I 校企合作开发的 150 个集成电路工艺实景视频清单

1. AD838 粘片机点胶针更换作业指导
2. AD838 粘片机更换 Wafer 盘作业指导
3. AD838 粘片机胶点校验作业指导（一）
4. AD838 粘片机胶点校验作业指导（二）
5. AD838 粘片机胶点校验作业指导（三）
6. AD838 粘片机框架 PR 识别作业指导
7. AD838 粘片机吸头更换作业指导（一）
8. AD838 粘片机吸头更换作业指导（二）
9. AD838 粘片机芯片图形 PR 识别作业指导
10. AD838 粘片机蘸胶工艺作业指导
11. ASM340 氦质谱检漏仪操作方法
12. ASM 包封机顶柱更换作业指导
13. BC3199 模拟电测试系统标准作业方法（一）
14. BC3199 模拟电测试系统标准作业方法（二）
15. C-V 测试仪 2 号机标准作业方法
16. DE-200 型扩膜机使用方法和注意事项
17. DFD6361 划片机换刀方法
18. DFD6361 划片机作业方法
19. DTS-1000 测试机标准作业方法
20. E220 离子源灯丝交换方法（一）
21. E220 离子源灯丝交换方法（二）
22. E220 离子源灯丝交换方法（三）
23. E220 真空解除方法
24. ei501Z 蒸发蒸铝操作规程（一）
25. ei501Z 蒸发蒸铝操作规程（二）
26. G7 光刻机（19#）)步进精度测试方法
27. G7 光刻机（19#）光强及照明均匀性标准点检方法
28. G7 光刻机（19#）平整度标准点检方法
29. G7 光刻机（19#）曝光标准作业方法（一）
30. G7 光刻机（19#）曝光标准作业方法（二）
31. G7 光刻机（19#）曝光量点检方法
32. G7 光刻机（19#）套刻测试标准方法（一）
33. G7 光刻机（19#）套刻测试标准方法（二）
34. G7 光刻机（19#）套刻测试标准方法（三）
35. G7 光刻机（19#）最佳焦距点检方法

36．GSD111-90InAir 清扫方法
37．GSDⅢ-90DFP 隔膜泵更换方法
38．GSDⅢ-90 大盘清扫方法
39．GSDⅢ-90 冷泵压缩机添加氦气方法
40．GSDIII-90 高真空规交换方法
41．GSDIII-90 特气交换与保压方法（一）
42．GSDIII-90 特气交换与保压方法（二）
43．GSDIII-90 自动与手动建立高真空方法
44．iHawk 焊线机芯片图形 PR 识别及打火杆更换作业指导
45．KS 金丝压焊机操作平台校准和注意事项
46．LAM1＃设备标准作业方法
47．MARK001 蒸发台作业方法（一）
48．MARK001 蒸发台作业方法（二）
49．MARK001 蒸发台作业方法（三）
50．Mark-5 显影机作业方法
51．Mark-8 匀胶机作业方法
52．MPA600 光刻机照度测试方法
53．MPA600 光刻机作业方法
54．MRC、Wafer、Hold 交换方法
55．P5000 标准作业方法（一）
56．P5000 标准作业方法（二）
57．P5000 标准作业方法（三）
58．P5000 设备定洗维护方法
59．QT2 晶体管图示仪测试击穿电压的操作方法
60．TEGAL 设备 RF 校准维护方法
61．TEGAL 设备压力校准维护方法
62．包封报警解除
63．包封工序生产生产前准备工作指导
64．包封后产品确认作业指导（一）
65．包封后产品确认作业指导（二）
66．包封后固化作业指导
67．薄膜工序 PECVD1#设备作业（一）
68．薄膜工序 PECVD1#设备作业（二）
69．测试工序生产前准备工作（一）
70．测试工序生产前准备工作（二）
71．测试工序生产前准备工作（三）
72．测试工序生产作业指导（一）
73．测试工序生产作业指导（二）

74．测试工序生产作业指导（三）
75．产品可焊性试验作业指导
76．品外观尺寸测量作业指导（一）
77．产品外观尺寸测量作业指导（二）
78．产品印字测量作业指导
79．场效应管参数测试标准作业方法
80．超净间保护用具的穿戴方法
81．超净间进（人员）出管理标准
82．倒边器操作方法
83．点胶工艺更换粘片胶作业指导（一）
84．点胶工艺更换粘片胶作业指导（二）
85．电子天平标准作业方法
86．封装部防静电管理规定
87．封装部化工料使用管理规定
88．腐蚀烘箱（BPR001、BPR004）标准作业方法
89．干刻打底膜作业方法
90．烘片标准作业方法
91．划片 nitto 自动贴膜机换膜方法
92．划片 nitto 自动贴膜机作业方法
93．划片前打包作业指导（一）
94．划片前打包作业指导（二）
95．佳能 501 光刻机标准化作业
96．减薄贴膜机 RAD3500UV 膜交换方法
97．减薄贴膜机 RAD3500 作业指导书
98．剪切力测试作业指导
99．溅铝 MRC 标准作业方法（一）
100．溅铝 MRC 标准作业方法（二）
101．键合拉力测试作业指导
102．胶盘清洁作业指导
103．金属镊子操作方法
104．扩散炉 5D（DIF65D）标准作业方法（一）
105．扩散炉 5D（DIF65D）标准作业方法（二）
106．扩散炉 5 号炉作业前准备要领
107．雷击浪涌测试作业指导
108．磨片 GNX200B 作业前点检方法
109．磨片 GNX200B 作业指导方法（10#）
110．球径测量作业指导
111．全自动包封机 IDEAL、MOLD、DFN 清、润模作业指导（一）
112．全自动包封机 IDEAL、MOLD、DFN 清、润模作业指导（二）

113．全自动包封机 IDEAL、MOLD、DFN 清、润模作业指导（三）
114．全自动包封机 IDEAL、MOLD、DFN 手动包封作业指导
115．日本真空 501 蒸发台灯丝交换方法
116．日本真空 501 蒸发台烘烤灯交换方法
117．日本真空 501 蒸发台护板交换方法（一）
118．日本真空 501 蒸发台护板交换方法（二）
119．日本真空 501 蒸发台护板交换方法（三）
120．三核对实施方法
121．上野分选机过滤器及真空发生器清洁作业指导
122．上野分选机排出部件清洁作业指导
123．上野分选机吸嘴及副工作台清洁作业指导
124．烧接班组氢气的安全使用规则
125．生产车间着装要求
126．生产制造过程中产品投入标准化作业
127．手动缠盘作业指导
128．手动电参测量作业指导
129．手动电容测试作业指导
130．甩干机维护方法
131．探针台定期维护方法
132．推片器操作方法
133．椭偏仪作业方法
134．线弧高度测量作业指导
135．芯片、框架厚度测量作业指导
136．压焊工序补料作业指导
137．压焊工序更换键合丝作业指导
138．压焊工序劈刀更换作业指导
139．压焊工序生产前准备工作
140．压焊工序自检作业指导
141．氧化膜腐蚀作业指导书
142．原材料更换作业指导
143．载带尺寸测量作业指导
144．粘片工序生产前准备工作
145．粘片工序自检作业指导
146．粘片后固化作业指导
147．蘸胶工艺更换粘片胶作业指导
148．真空镊子操作方法
149．蒸铝前清洗作业方法（一）
150．蒸铝前清洗作业方法（二）

附件 J　现代学徒制教学质量评价报告（2019）（节选）

目　录

第一部分　总述

（1）学生及其家长对现代学徒制培养要求的认知清晰度均在九成以上，且均有五成以上表示愿意推荐给其他同学、朋友或亲戚，现代学徒制的认知与认可情况较好。

现代学徒制在培养中明确要求体现六方面（学校和企业“双主体”共同培养育人、专业设置与产业需求对接、课程内容与职业标准对接、教学过程与生产过程对接、毕业证书与职业资格证书对接、职业教育与终身学习对接），从调研数据可见，无论是本专业学生还是其家长对现代学徒制培养要求的认知清晰度均在九成以上。具体来看，学生与家长的认知情况略有不同，学生均表示对“教学过程与生产过程对接”和“毕业证书与职业资格证书对接”两方面有清楚认知；但家长对于以上两个方面的认知清晰度相对较低，为 93%，家长对“课程内容与职业标准对接”和“职业教育与终身学习对接”两方面认知更清晰。

同时，本专业学生及其家长均有五成以上表示愿意推荐现代学徒制的培养模式给其他同学、朋友或亲戚，体现了本专业学生、家长对现代学徒制的认可，也有利于本专业声誉的提升及未来招生工作的顺利开展。

学校负责人与企业负责人双方均表示未来愿意继续合作开展现代学徒制项目，同时，企业方面表示，校企联合的现代学徒制培养模式使企业的员工来源更有保障，员工技能素质更匹配，帮助企业节约了入职培训成本，也有助于提高企业知名度与影响力，同时还能与学校共享资源等，给企业带来了多方面的积极影响，充分体现了校企双方对现代学徒制培养模式的认可。

（2）学生均与学校、企业签订了合同/三方协议，招生招工一体化工作开展较好。

本专业参与现代学徒制培养模式的学生均与学校、企业签订了合同/三方协议，合同/三方协议中明确了学生学徒双重身份，以及学校、企业、学徒三方的责任，并对学生学徒的合法权益予以保障。同时，学校反馈企业在招生招工工作中参与较多，反映出企业的参与积极性较高。总体可见，本专业现代学徒制中招生招工一体化工作得到了较好的落实。

（3）教师与师傅对学生在基础知识储备、沟通交流能力方面的满意度有所差异，教学培养过程仍存在可以继续完善的空间。

本专业学生对现代学徒制培养模式的教学满意度（94%）较高，对现代学徒制整体培养效果反馈较好。本专业学生考核方式主要是“学校和实习企业共同考核”（71%），其中校企共同考核的分配比重主要是“学校与企业之比为 5:5”（59%）。另外，89%的学生认为专业考核方式较为合理。在现代学徒制人才培养模式下，本专业已基本构建出“学业标准”与“学徒标准”双标准的考核评价体系，有助于学生获得职业岗位所需的知识、能力及职业生涯发展的要求，促进学生成长成才。

学校教师和企业师傅对专业学生/学徒的整体满意度评价较高，学校教师对学生各方面的满意度均为 100%。值得注意的是，企业师傅对学徒在基础知识储备、沟通交流能力方面的满意度（分别为 90%、91%）相对较低。这反映出培养过程未能完全满足企业相关职业领域的要求，后续培养应予以重点关注，以帮助学生提升各方面的综合能力，更好地适应学徒身份。

企业负责人认为，本专业现代学徒制的人才培养目标符合专业相关行业发展的需求，反映出企业对该人才培养目标的认可，体现了现代学徒制培养目标及行业定位的准确性，利于学生未来的职业发展。同时，企业负责人也表示本专业的课程设置与相关行业需求对接，课程教学培养满足了相关行业岗位需求，较好地体现了课程教学培养符合以满足学生未来的职业活动能力为导向这一目标，有助于学生奠定职业基础，未来能够更好地向工作岗位过渡。

（4）学生对学校教师、企业兼职教师、企业学徒指导师傅的总体满意度均在九成左右，师资队伍建设较好。

本专业学生对教师/师傅的教学满意度均在九成左右，其中，对学校教师、企业学徒指导师傅的教学满意度分别为 100%、97%，对企业兼职教师的教学满意度为 89%。从授课方式来看，本专业学生对教师/师傅的授课方式满意度整体均较高。其中，对学校教师授课方式的满意度为 100%，对企业兼职教师授课方式的满意度为 97%，对企业学徒指导师傅授课方式的满意度为 97%。

从师生交流方面来看，本专业学生与学校教师沟通频率较高的比例为 74%，与企业学徒指导师傅沟通频率较高的比例为 48%，与企业兼职教师沟通频率较高的比例为 47%。学生与学校教师沟通频率较高的比例高于企业兼职教师、企业学徒指导师傅。一方面，现代学徒制培养模式第一学年学生以在校培养为主，学生与学校教师的沟通较多；另一方面，企业学徒指导师傅、企业兼职教师与学生沟通的方式主要为指导实际应用操作，这也是是现代学徒制培养模式中必不可少的环节，同样应予以重视。

总体而言，本专业现代学徒制双导师制度落实情况较好，学校教师和企业师傅共同承担教育教学任务，校企分别设立专职教师以及兼职教师岗位和学徒指导岗位，有利于现代学徒制教学过程中“工”与“学”的交替，发挥教学团队的整体优势，实现教学团队目标的集聚效应；但针对企业兼职教师在教学方面的具体情况需要给予关注，使其更好地服务现代学徒制培养模式的要求。

（5）教师与师傅对教学运行管理方面的满意度均在九成以上，教学运行与管理机制较为完善。

学校老师对教学运行与管理各方面的满意度均较高，“教学评价合理性”“课时安排”“工作量”“教室数量及配套设备”“实训基地硬件条件”“技术支持”“经费支持”七个方面的满意度均为 100%。企业师傅对教学运行与管理各方面的满意度均在九成以上，其中对带徒津贴、实习生产设备方面的满意度评价（分别为 90%、91%）相对偏低。企业可根据实际情况改善上述方面，对提高企业师傅的任教积极性，提升学徒培养效果均有积极的促进作用。

学校负责人认为，企业在现代学徒制试点专业教学管理与运行中的招生工作与方案修订、课程设置与教材、师资队伍的建设，以及实践教学的基础建设方面均有参与，且参与程度较高，较好地体现了现代学徒制学校与企业“双主体”共同育人的培养理念。总体而言，本专业已建立的教学管理与运行机制与现代学徒制培养模式有较好的适应。

（6）改进与期待。

学校负责人认为需要改进的方面集中体现在“人才培养方案的设计与细化”“双导师的师资队伍建设”及“合作企业参与投入的主动性”这三方面。教学培养方案应全面兼顾，这需要学校与企业进一步协商，保证企业课程与学校课程有效衔接；在师资队伍方面，加强校企共建双师结构教学团队，促进学校专职教师和企业兼职教师的相互协作、取长补短；同时，企业的参与主动性还需要加强，要充分调动企业参与主动性，使企业认识到现代学徒制有利于企业自身扩大企业品牌效益。企业负责人同样认为，现代学徒制培养过程有一些方面需要改进，包括招生工作、培养方案、课程内容的设置、师资队伍建设及校企双方的融合问题等，反映出学徒制培养过程中还存在一些问题，需要进一步完善和提升。

学校方面希望企业在人才培养方案、专业课程和教材、学徒的相关岗位、提供学校教师到企实训机会及企业在校内建立实训基地方面提供支持与帮助。除学校之外，企业是现代学徒制培养模式的另一重要主体，在招生招工一体化方案、人才培养方案及标准制定、双导师、培养岗位和设备等方面有不可替代的重要作用。企业负责人则表示，希望学校在资金、职教培训及校企资源等方面提供更多的支持和帮助，校企双方应该更进一步加强沟通交流，促进现代学徒制培养模式的完善和提升。学校是现代学徒制培养模式的重要主体之一，在校企合作过程中，应与企业多沟通协商，考虑全面，了解企业的需要，为企业提供更多且有效的支持。

参考文献

[1] 刘武军，赵鹏飞，张志. 学徒人力资本视域下现代学徒制研究[J]. 中国职业技术教育，2020(24)47-53.

[2] 赵志群. 建设现代学徒制的必要性与实现路径[J]. 人民论坛，2020(09):59-61.

[3] 龚小涛，赵鹏飞，石范锋. “双高计划”背景下全面推行现代学徒制的路径研究[J].中国职业技术教育，2019(33):39-43.

[4] 赵鹏飞，李海东，张志，等. 广东特色现代学徒制实践探索与未来趋向[J]. 中国职业技术教育，2019(20):5-12.

[5] 李学礼. 现代学徒制“燕东微电子”模式的研究与实践[J]. 教育现代化，2019，6(01):58-60，63.

[6] 章鸿雁，赵鹏飞，杨敏，等. 现代学徒制企业课堂的定位、构建和评价研究[J]. 中国职业技术教育，2019(02):24-29.

[7] 李小红，赵鹏飞，杨敏，等. 护理专业现代学徒制专业标准研制关键点探究[J]. 中国职业技术教育，2018(26):66-71.

[8] 杨敏，赵鹏飞，李小红，等. 现代学徒制专业标准制定“源”与“度”的研究[J]. 中国职业技术教育，2018(11):5-9.

[9] 李学礼. 浅议学徒制试点专业的遴选[J]. 教育现代化，2018，5(10):24-26.

[10] 杜怡萍，赵鹏飞，李海东，等. 现代学徒制专业教学标准建设的实践探索[J]. 中国职业技术教育，2016(31):75-81.

[11] 赵鹏飞，赵琼梅，魏敢，等. 现代学徒制智慧平台构建的理论与实践[J].中国职业技术教育，2016(31):64-68.

[12] 艾祎，赵鹏飞，张志. 基于职教集团的现代学徒制探索[J]. 中国职业技术教育，2016(31):120-124.

[13] 张志，赵鹏飞，李海东. 广东特色现代学徒制发展分析[J]. 中国职业技术教育，2016(18):30-33.

[14] 赵鹏飞，陈秀虎，吴琼，等. 推行现代学徒制几个关键点的探索与实践[J]. 南方职业教育学刊，2016,6(02):1-5.

[15] 陈秀虎，谌俊，刘元江，等. 现代学徒制专业课程体系构建的探索与实践[J]. 中国职业技术教育，2015(21):81-84.

[16] 赵志群，周瑛仪. 瑞士经验：现代职业教育体系建设[J]. 华中师范大学学报（人文社会科学版），2015,54(03):154-160.

[17] 赵鹏飞. 现代学徒制人才培养的实践与认识[J]. 中国职业技术教育，2014(21):150-154.

[18] 赵志群. 建立类似现代学徒制的职业教育制度[J]. 职业技术教育，2014，35(15):24.

[19] 赵志群，陈俊兰. 现代学徒制建设——现代职业教育制度的重要补充[J]. 北京社会科学，2014(01):28-32.

[20] 赵志群，陈俊兰. 我国职业教育学徒制——历史、现状与展望[J]. 中国职业技术教育，2013(18):9-13.

[21] 赵鹏飞，陈秀虎. "现代学徒制"的实践与思考[J]. 中国职业技术教育，2013(12): 38-44.

[22] 赵鹏飞. 现代学徒制的探索与实践[J]. 中国职业技术教育，2013(10):38-43.

反侵权盗版声明